职业教育数字媒体技术应用专业系列教材

数字图像处理项目教程——CorelDRAW

主　编　唐莹梅　曾颖睿

副主编　游永红　邓　莉

参　编　王少炳　叶清贤　郑泽虹　刘伟文

机械工业出版社

本书采用项目编写方式针对CorelDRAW X6的实际应用进行讲解，共分为9个项目，项目1为岗前培训，介绍了平面设计方面的基础知识；项目2为VI设计，通过5个任务案例学习了CorelDRAW的图形绘制和编辑、图形特效处理、对象的排序和组合、文本和位图编辑等知识点，旨在帮助初学者尽快入门；项目3～项目9分别用插画设计、DM设计、画册设计、包装设计、书籍装帧设计、户外广告设计和网页界面设计，详细介绍了平面设计中的文字与版面编排、图形特效设计等多种技能，使读者在实践中积累专业功力，能够灵活应对不同的工作需求。各任务案例针对不同市场需求，深入浅出，便于读者分类学习。

为了方便读者学习，本书配电子课件、素材文件和最终效果图文件，读者可登录机械工业出版社网站（www.cmpedu.com）免费注册下载，或联系编辑（010-88379194）咨询。

本书适合作为CorelDRAW平面设计的基础培训教程和进阶教程，也可作为各职业院校数字媒体系列专业教材使用。

图书在版编目（CIP）数据

数字图像处理项目教程—— CorelDRAW/唐莹梅，曾颖睿主编.
—北京：机械工业出版社，2016.2（2024.8重印）

职业教育数字媒体技术应用专业系列教材

ISBN 978-7-111-53207-1

Ⅰ．①数⋯　Ⅱ．①唐⋯　②曾⋯　Ⅲ．①图形软件—职业教育—教材

Ⅳ．①TP391.41

中国版本图书馆CIP数据核字（2016）第049839号

机械工业出版社（北京市百万庄大街22号　邮政编码100037）

策划编辑：梁　伟　　责任编辑：蔡　岩

责任校对：肖　琳　　封面设计：鞠　杨

责任印制：刘　媛

涿州市般润文化传播有限公司印刷

2024年8月第1版第4次印刷

184mm×260mm・13印张・279千字

标准书号：ISBN 978-7-111-53207-1

定价：43.00元

电话服务　　　　　　　　　网络服务

客服电话：010-88361066　　机 工 官 网：www.cmpbook.com

　　　　　010-88379833　　机 工 官 博：weibo.com/cmp1952

　　　　　010-68326294　　金 书 网：www.golden-book.com

封底无防伪标均为盗版　　机工教育服务网：www.cmpedu.com

职业教育数字媒体技术应用专业系列教材编写委员会

主　　任：何文生

副主任：陈红芳　　陈黎靖　　唐顺华　　李菊芳　　梁　伟

　　　　　史宪美　　严少青　　朱志辉

委　　员：（按姓氏拼音字母顺序排序）

　　　　　陈　丽　　陈捷辉　　丛中笑　　邓惠芹　　范柏华　　范云龙

　　　　　何林灵　　黄　志　　黄海英　　季　薇　　李素青　　梁　波

　　　　　梁惠聪　　林　蔚　　刘　娟　　刘佰畅　　刘新安　　罗　忠

　　　　　罗志华　　彭夏冰　　邱桂梅　　任富民　　沈聪聪　　唐莹梅

　　　　　温励颖　　严诗泳　　杨　涛　　杨忆泉　　曾颖睿　　张　林

　　　　　赵志军　　周翠玉　　周永忠

前　　言

CorelDRAW是平面矢量绘图兼排版软件，是目前应用最为广泛的基于Windows操作系统的图形图像制作、设计及文字编辑软件，为平面设计人员提供了先进的手段和方便的工具。

本书任务实例应用领域广泛，涉及VI（Visual Identity，视觉识别）设计、插画设计、DM设计、画册设计、包装设计、书籍装帧设计、户外广告设计、网页界面设计这些具代表性的设计领域，满足了不同读者、不同层次的需要。

通过本书的学习，读者能够掌握CorelDRAW的图形绘制和编辑、图形特效处理、对象的排序和组合、文本和位图编辑等功能，能在全面掌握软件功能的同时，灵活快捷地应用软件进行平面设计创作。

本书建议学时如下：

项目1	岗前培训	
项目2	VI设计	任务1　设计金狮幼儿园Logo
		任务2　信封和卡片设计
		任务3　表扬旗和宣传栏设计
		任务4　设计校服
		任务5　设计吉祥物
项目3	插画设计	任务1　设计卡通插画
		任务2　设计出版物插画
		任务3　设计时尚人物插画
项目4	DM设计	任务1　设计公司活动单页DM单
		任务2　设计折叠宣传册
项目5	画册设计	任务1　设计杂志封面
		任务2　设计食品公司画册
		任务3　设计电脑学院画册
项目6	包装设计	任务1　设计牛奶盒
		任务2　设计手提袋
		任务3　设计蛋糕盒
项目7	书籍装帧设计	任务1　设计封面与封底
		任务2　设计章前页
		任务3　设计目录
项目8	户外广告设计	任务1　设计灯箱广告
		任务2　设计墙面广告
项目9	网页界面设计	任务1　设计京京幼儿园网站界面
		任务2　设计乐澄幼儿园网页界面

本书由唐莹梅、曾颖睿任主编，游永红、邓莉任副主编，参与编写的有王少炳、叶清贤、郑泽虹、刘伟文。由于作者水平有限，书中难免存在疏漏和不足之处，恳请各位读者批评、指正。联系方式：sweaty@126.com。

编　者

目　　录

项目1 岗前培训 <<<<

▶▶▶ 平面设计基础知识

一、设计概述

设计一词来源于英文"design"，是一个把计划、规划、设想通过视觉的形式传达出来的活动过程。在现实生活中涉及范围很广，包括工业、环艺、装潢、展示、服装、动画、平面设计等。

设计是科技与艺术的结合，是商业社会的产物，在商业社会中需要艺术设计与创作理想的平衡，是设计师有目标有计划地进行技术性的创作活动。设计的任务不只是为生活和商业服务，同时也伴有艺术性的创作。设计与美术不同，因为设计既要符合审美性又要具有实用性，替人设想、以人为本。设计要让人感动，比如足够的细节、图形创意、色彩品位、材料质地等，而设计就是将多种元素进行有机艺术化组合。

平面设计（graphic design），原称装潢设计，也称为视觉传达设计，是以"视觉"作为沟通和表现的方式，是将不同的基本图形，按照一定的规则在平面上组合成图案的，主要在二度空间范围之内以轮廓线划分图与地之间的界限，描绘形象。平面设计的常见用途包括标识（商标和品牌）、出版物（杂志、报纸和书籍）、平面广告、海报、广告牌、网站图形元素、标志和产品包装等，是商业设计的主要部分。

二、基本要素

平面设计除了在视觉上给人一种美的享受外，更重要的是向广大的消费者转达一种信息、一种理念，因此在平面设计中，不仅要注重视觉上的美观，更应该考虑信息的传达。现在的平面设计主要由三大要素构成：文案、图形、色彩。不管是报刊广告、包装设计，还是经常看到的广告招贴等，都是由这些要素通过巧妙的安排和配置组合而成的。

1. 文案

文字是平面广告不可缺少的构成要素，配合图形要素来实现广告主题的创意，具有引起注意、传播信息、说服对象的作用。文案主要由标题、正文、广告语、公司名称等组成。

（1）标题

标题是文案中的关键元素，即平面设计的题目，有引人注目、引起兴趣、引导正文的作用。它是表达广告主题的短文，一般在平面设计中起到画龙点睛的作用，获取瞬间的打动效果，经常运用文学的手法，以生动精彩的短句和一些形象夸张的手法来唤起消费者的购买欲望。标题不仅要争取消费者的注意，还要争取到消费者的心理。

（2）正文

正文一般是说明文，说明广告内容的本文，基本上是结合标题来具体阐述、介绍商品。正文要通俗易懂、内容真实、文笔流畅、概括力强，常常利用专家的证明、名人的推荐、名店的选择来抬高档次，用销售成绩和获奖情况来树立企业的信誉度。

正文的字形采用较小的字体，常使用宋体、单线体、楷书等，一般都安排在插图的左右或下方，方便阅读。

（3）广告语

广告语是配合广告标题、加强商品形象而运用的短句，它顺口易读、富有韵味，具有想象力、指向明确、有一定的口号性和警告性，能给人留下深刻的印象。例如，"李维牛仔：不同的酷，相同的裤""义务献血：我不认识你，但我谢谢你！""金利来：男人的世界"。广告语在编排时可以放置在版面的任何位置，一般位于标题之后。

（4）附文

附文是指平面设计中公司名、地址、邮编、电话、传真号码等，方便公众与广告主取得联系，购买商品。它一般置于版面下方或者次要位置，可与商标配置在一起。

2. 色彩

色彩在平面设计表现中具有迅速诉诸感觉的作用。艳丽、典雅、灰暗等色彩感觉，影响着公众对广告内容的注意力。美妙的色彩能令人产生美好的感情，寄托人们美好的理想和愿望。一件设计作品的成败，在很大程度上取决于色彩运用的优劣。马克思说，"色彩的感觉是一般感觉中最大众化的形式。"

色彩三要素：

色彩是由色相、明度、纯度3个元素组成的。色相即为红、黄、绿、蓝、黑等不同的颜色。如图1-1所示。

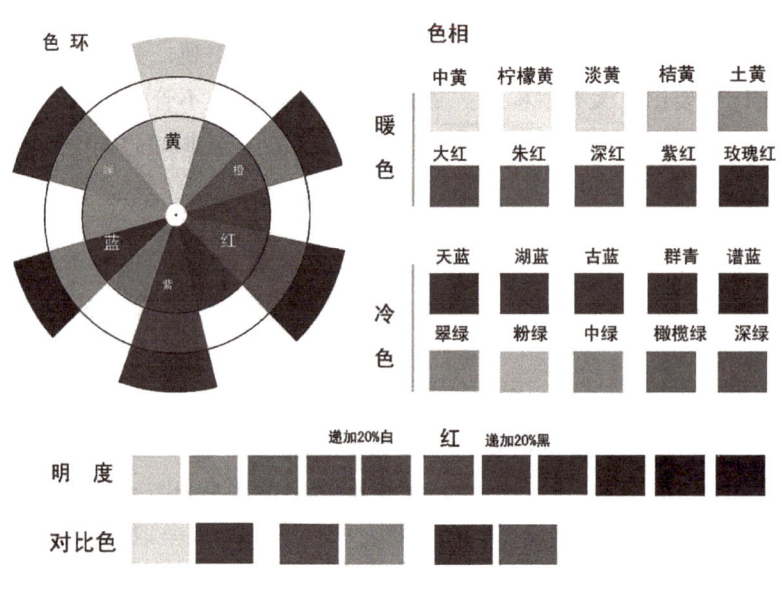

图 1-1

明度是指色彩的明亮程度。在所有颜色中，白色明度最高，黑色明度最低，这种由白到灰再到黑的色阶称为明度。明度有高低之分，明亮的称为高明度，如黄色；其次为中明度，如红色或者绿色；较暗的称为低明度，如紫色和青色。

色彩的纯度是指色彩的纯净程度，又称饱和度。它表示颜色中所含有色彩成分的比例。含有色彩成分的比例越大，则色彩的纯度越高，含有色彩成分的比例越小，则色彩的纯度也越低。可见光谱的各种单色光是最纯的颜色，为极限纯度。当一种颜色加入黑、白或其他色彩时，纯度就会产生变化。当加入的颜色达到很大的比例时，在眼睛看来，原来的颜色将失去本来的光彩，而变成混和的颜色了。

3. 图片

图片具有形象化、具体化、直接化的特性，它能够形象地表现设计主题和创意，是平面设计主要的构成要素，对设计理念的陈述和表达起着决定性的作用。因此，设计者在决定了设计主题后，就要根据主题来选取和运用合适的图片。

图片可以是黑白画、喷绘插画、绘画插画、摄影作品等，图片的表现形式可以有写实、象征、漫画、卡通、装饰、构成等手法。

▶▶▶ 矢量图与位图

在计算机中，图像是以数字形式进行记录、处理和保存的。计算机中的图像可分为两类，即矢量图和位图。下面进行简单介绍。

1. 矢量图

矢量图使用直线和曲线来描述图形，这些图形的元素是一些点、线、矩形、多边形、圆和弧线等，它们都是通过数学公式计算获得的。例如，一幅花的矢量图形实际上是由线段形成外框轮廓，由外框的颜色以及外框所封闭的颜色决定花显示出的颜色。矢量图形最大的优点是无论放大、缩小或旋转都不会失真；最大的缺点是难以表现色彩层次丰富的逼真图像效果。该类型图片普遍应用于印刷行业，如图1-2、图1-3所示。

图 1-2

图 1-3

2. 位图

位图图像（bitmap），也称为点阵图像或绘制图像，是由称为像素的单个点组成的。这些点可以进行不同的排列和染色以构成图样。因为位图图像是由一连串排列好的像素创建出来的，其内容是无法进行个别处理和控制的。如图1-4、图1-5所示。

图　1-4

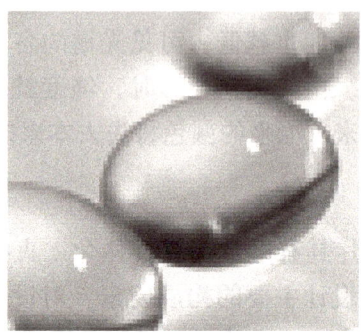

图　1-5

▶▶▶ 了解平面设计岗位

一、平面设计岗位的要求

平面设计岗位主要负责各种广告设计及各类印刷品设计，要求工作人员具有良好的设计、制作和沟通能力，能独立完成平面设计工作，并懂得印刷流程，熟悉计算机操作，熟练使用各种设计软件，有较强的敬业精神和团队合作精神。有良好的思维创意能力，有较强的客户意识。

在平面广告设计岗位知识方面，设计人员应该具备计算机操作、美学、色彩、广告理论、广告创意、CI流程、策划和印刷工艺等丰富的理论知识。

1. 计算机基础知识

计算机基础知识方面，平面设计人员应该具备以下知识：

1）计算机硬件知识，包括显示器、打印机、扫描仪、喷绘机等广告公司常用设备的设置和使用技巧。

2）Windows基础知识应用，包括系统设置、程序的安装和删除、文件管理等。

3）Word基础知识的应用，包括文档的录入、编辑、图文混排、排版和打印等。

4）Powerpoint的应用，包括演示文稿的编辑、效果设置等。

5）Internet知识的应用，包括网页浏览、文件搜索、软件下载等。

2. 平面设计软件知识

在平面设计软件方面，制作人员应该具备主流设计软件的操作技能。

1）能熟练使用Photoshop软件进行图像特效处理、动画编辑等。

2）能熟练使用CorelDRAW软件进行矢量绘图、报刊和杂志排版等。

3）能熟练使用Illustrator软件进行矢量绘图、插画设计等。

4）能熟练使用Pagemaker和Indesign、Freehand软件设计制作和排版各种印刷出版物。

5）能熟练使用Painter进行专业级插图和场景绘制。

除了以上较常见的软件外，根据不同行业还会有一些专业的小软件，这些软件种类繁多，但有些功能是相似的，所以掌握其中的一个就可以了。

3．平面设计和广告知识

在平面设计和广告知识方面，平面设计制作人员应该具备如下知识：

1）构成基础知识，包括平面构成、立体构成、色彩构成的知识。

2）广告学的基本概念和基本知识，如广告的策划、广告的组织、广告创意、广告文案等。

3）VI设计、名片设计、海报招贴、产品造型、书籍装帧等平面广告设计的规范。

4）印前与喷绘的基础知识。

5）服装、手机、食品、汽车、IT、房地产等典型行业的平面设计的特点和常用表现手法。

4．印刷工艺基础知识

1）印前基本概念，包括出片、打样、喷绘、PS版、丝网印刷等。

2）初步了解印刷工艺。

3）了解印后加工的基本常识，如烫金、覆膜等。

5．美术功底

平面设计制作人员需要有扎实的美术功底，主要应具备以下技能：

1）具有素描写生、手绘制图的能力。

2）掌握造型的方法、透视原理。

3）良好的空间感和立体感。

4）良好的作品鉴赏能力，能揣摩和研究各种广告作品，能充分准确地把握作品所要表达的内涵。

6．广告设计能力

1）具有一定的广告调查能力。

2）具有良好的广告内容表现能力。

3）具有良好的构思立意。

4）具有特有的自我设计风格。

5）具备良好的项目设计综合能力。

二、平面设计岗位的具体工作

平面广告设计岗位又可以细分为广告文稿、广告画面设计和广告制作合成等具体工作。一般将从事平面广告设计的人都称为平面广告设计师或设计师。

1. 文稿工作

文稿人员负责广告文稿（标题和正文）的设计创作，是广告创意的关键，要求文稿人员有较强的语言表达能力和创造性思维。

2. 画面设计工作

画面设计的工作任务是为广告配上相应的画面，要求有一定的艺术性、富有情趣和容易引发人们的联想，增强广告的记忆效果。

3. 广告制作合成工作

广告制作合成工作是完成广告文稿与广告画面的设计合成，定稿后，便可以送去制作。

三、平面设计流程

平面设计制作过程是有计划、有步骤地渐进和不断完善的过程，设计的成功与否很大程度上取决于设计理念是否准确、考虑是否完善。

1. 调查

调查是了解事物的过程，是设计的开始和基础。设计需要的是有目的的和完善的调查，包括背景调查、市场调查、行业调查（主要包括品牌、销售群体和产品背景等多项内容）、产品定位调查和表现手法调查等。

2. 设计理念

构思立意是设计的第一步，在设计中创意比一切更重要。理念一向凌驾于设计之上，在作品中一定要传达出设计理念。

3. 确定内容

广告内容分为主题内容和具体内容两个部分。

4. 调动视觉元素

在设计中各个视觉元素相当于作品的构件，每一个元素都要有传递和加强传递信息的目的。在一个版面之中，构成元素可以根据类别来进行划分，如可以分为标题、内文、背景、色调、主体图形、留白和视觉中心等。平面设计就是把不同视觉元素进行有机结合的过程。

5. 选择表现手法

手法即是技巧，在视觉产品泛滥的今天要打动消费群体并非易事，更多的视觉作品常会被人们的眼睛自动忽略了。把信息传递出去的常用手法有以下几种：

1）以传统美学去表现的设计方法。

2）用新奇的或出奇不意的方式进行表达（包括在材料上）。

3）疯狂的广告投放量，进行地毯式的强行轰炸。

6. 确定平衡手法

平衡能带来视觉及心理的满足，设计师要解决画面中力场的平衡、前后衔接的平衡。平衡与不平衡是相对的，以是否达到主题要求为标准。平衡分为对称平衡和不对称平衡，包括点、线、面、色和空间的平衡。平衡感是设计师构图所必需的能力。

7. 确定出彩点

通过创造出视觉兴奋点来升华作品。

8. 制作

完成上述调查和广告构思后即可开始在平面设计软件中制作广告作品，具体步骤如下：

1）准备素材（扫描或直接从素材库获取）。

2）用Photoshop编辑图片，包括修改、校色、拼接等，处理完毕一定要转为300dpi的CMYK的TIF或EPS文件。

3）用矢量制图软件制作图形，完成后存储为CMYK的EPS文件。

4）用纯文本编辑器编写文本文件。

5）将全部的素材准备好后，用排版软件将它们组合起来。

6）处理陷印问题。

7）打样、校稿、修改错误。

8）用PostScript打印机输出，测试输出可靠性。

9）准备输出档案，包括使用平台、所用软件、所用的文件、所用字体、字体列表和位置及对输出的要求等。

10）将所有文件（包括所用字体）复制到MO或CDR中，连同输出文档一并送给输出公司。

四、平面设计涉及的行业

现实生活中，平面设计所涉及的行业非常多，基本上包括以下几个行业。

1. 广告设计公司

大多数广告设计公司做的是VI设计、广告、海报或者宣传单、杂志编排类的成品。

2. 印刷公司

印刷公司主要是进行设计、拼版等印前工作和装订等印后工作。

3. 摄影公司

摄影公司主要进行婚纱影楼的照片后期效果处理，包括人像处理、添加特殊效果等。

4. 装饰公司

装饰公司主要进行建筑图的后期效果处理，添加背景及各种辅助素材。

5. 杂志社或出版社

杂志社或出版社主要是对杂志页面排版，对特定的书籍编排等。

6. 影视公司

影视公司主要制作影视动画。无论是动画中的定帧还是透底图片，都需要平面设计人员来制作。

7. 网络公司

网络公司主要进行网页的广告制作、淘宝美工等。

8. 个人工作室

个人工作室用来承接各类广告设计项目。

▶▶▶ 小结

本单元主要针对平面设计行业中的相关基础知识进行了学习，通过讲解使读者了解平面设计的基本概念及基本元素，了解平面设计岗位的相关技能要求，并简单认识CorelDRAW X6的基本功能，为接下来学习具体操作打下良好的基础。

项目2 VI设计 <<<<

▶▶▶ 项目概述

本项目主要是针对幼儿园进行VI设计，将向读者重点介绍VI设计的相关基础知识，并通过5种VI项目的制作帮助读者理解VI设计的原理和方法，并学习使用CorelDRAW软件进行VI设计的各种方法。

▶▶▶ 学习目标

知识目标：了解VI的基本特征，掌握VI设计的基本方法。

技能目标：掌握VI设计的基本流程，即CorelDRAW基本绘图工具、图形效果处理、图框精确剪裁工具的综合运用能力，

情感目标：通过学习，增长在VI设计方面的知识，提高对设计方面的兴趣。

▶▶▶ 项目描述

本项目是为一所国际幼儿园"金狮幼儿园"设计VI系统。

客户：金狮幼儿园。

客户提供信息：

金狮幼儿园是一所坚持"尊重与要求和谐统一、分享与快乐并重"为教育理念的国际幼儿园。这里注重"艺术教育、双语教育、环境教育"，既让幼儿在美的环境中接受艺术的熏陶，也让丰富多彩的教育游戏活动成为幼儿人生初期的美好回忆。

客户要求：设计一套体现金狮幼儿园教育特色的VI系统。

通过跟客户的沟通、对市场的调研以及对同行业案例的分析，基本在VI系统构建的方向上达成了共识，对系统的分析分为如图2-1所示的四大方向。

图 2-1

1. 标识系统

通过收集国内外具有典型特征的幼儿园标志图形进行分析，如图2-2所示。

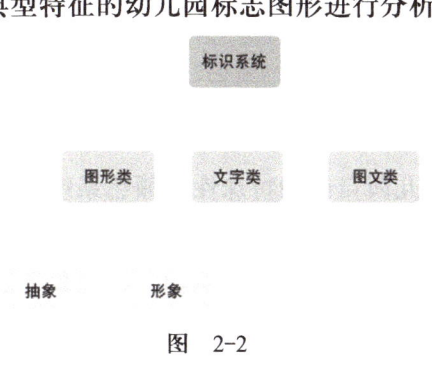

图 2-2

1）图形类：图形设计形式多元化，元素多包含有寓意、象征、拟人等图形构成。多由以对孩子成长的美好期望为出发点进行设计。

特点：外形活泼，色彩丰富，突出行业特征。

2）文字类：文字处理比较理性，造型和色彩较理性，品牌感强，如图2-3所示。

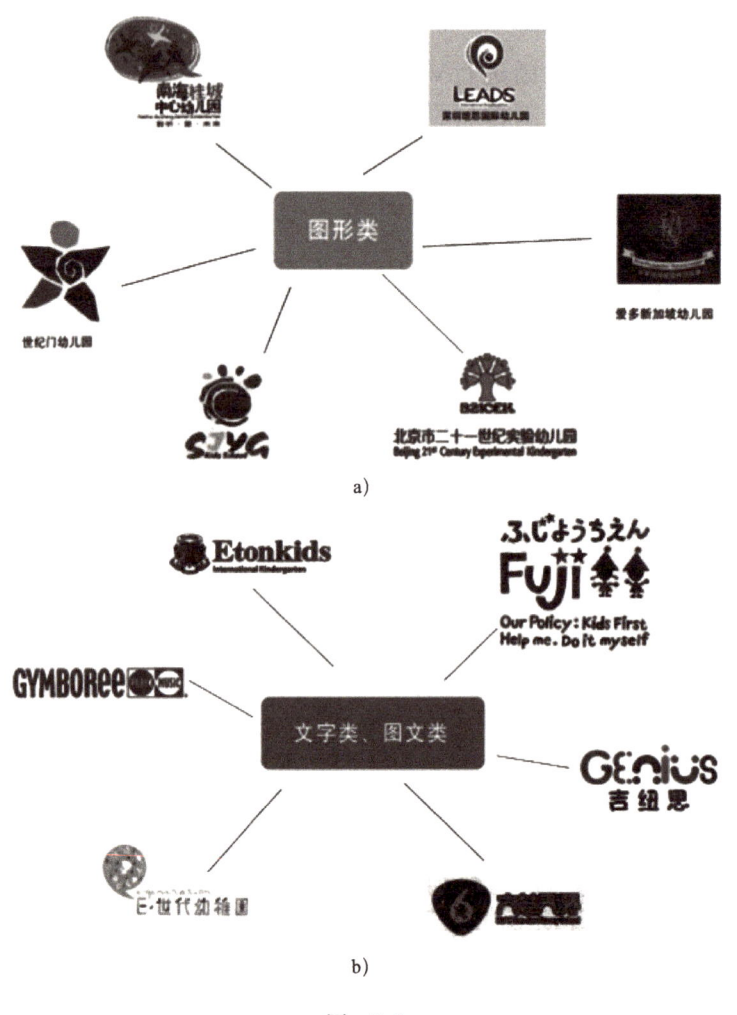

a)

b)

图　2-3

针对金狮幼儿园标识设计方向，结合金狮幼儿园的教学方式、分享教育，并将其融入标志中，体现办园理念，采用图形类为主。

2. 色彩系统

针对金狮幼儿园的特色，设计方向是：标志颜色的统一之外，一定要区别于其他幼儿园，这样才能做出幼儿园自己的特殊性。颜色系统的统一直接影响到家长对幼儿园的印象和宣传形象，所以在做设计的同时会全方位地考虑整体颜色的协调和统一；还会考虑到运用什么颜色代表什么含义，例如，绿色象征健康、自然和生命力；橙色象征阳光、活力、活泼；蓝色象征希望、国际、发展等，如图2-4所示。

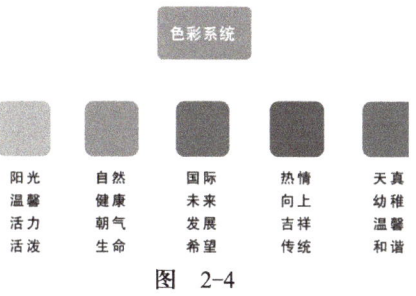

图 2-4

3. 导视系统

导视牌要求图形感很强，识别性强，导视效果好，整体风格统一，如图2-5、图2-6所示。

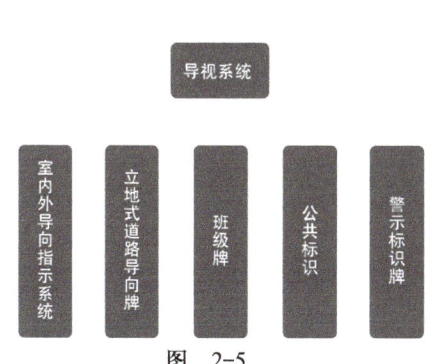

图 2-5

图 2-6

4. 环境系统

优秀的幼儿园环境应该整洁大方，富有生命力，整体形象和谐。如果在园内出现大型宣传类广告牌，则不仅影响整体形象，对孩子也有一定的影响。如图2-7为优秀的幼儿园环境。

因此，对环境系统设计的要求是干净整洁，多而不乱，色调温馨，富有生命力和创意，如图2-8所示为幼儿园环境系统的设计。

以上分析只是项目进行的第一个阶段，向客户提供的只是初步分析的方向和解决问题的几种方案，最终目的是以研究国内外成功形象为基础，提炼出有价值的信息，以结合本案例创作出真正适合项目本质需求的形象系统。

图 2-7

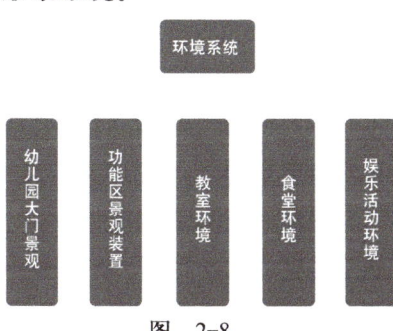

图 2-8

行业应用

1．项目组织管理

组织管理：

设计公司根据项目要求配备设计总监、设计师及专家顾问组成项目团队，客户安排相应人员组成对接组，并保证设计总监与对接人员的全程参与和互动式运作。

工作计划管理：

根据项目进度的要求，制定切实可行的工作计划，规定每个成员的任务。检查任务的完成情况和质量，是项目顺利实施的重要保证。

2．文件管理

设计公司收集项目文件应包括：项目管理文件（工作计划书、访谈、调研记录等）、设计师提交的文件、客户确认或验收的文件。

客户工作组需确认的文件应包括：设计项目成果文件、项目实施方案文件。

3．项目组成员

项目总指导、创意总监、项目协调、设计主管、项目执行等（主力设计师、协助设计师）。

针对金狮幼儿园的具体情况，展开了VI子系统的构建工作。由于篇幅所限，将VI系统中可操作性较强的5个部分分成整个项目的5个任务过程。

任务1：金狮幼儿园Logo设计。

任务2：信封和卡片设计。

任务3：表扬旗和宣传栏设计。

任务4：校服设计。

任务5：吉祥物设计。

▶▶▶ 任务1 设计金狮幼儿园Logo

任务分析

通过对国内外幼儿园标识、色彩、环境等系统要素的归纳、分析、总结，以及与客户初步的意见探讨，金狮幼儿园Logo应将金狮的教学方式、分享教育融入到设计中，有特色地体现办园的理念，将表现形式定位为"以图形类为主"。Logo采用幼儿园的名称，提取出两个小狮子的形象拟人化，就是两个男女小朋友，突出"朋友"的概念在儿童心中的地位。整体颜色需丰富，中文字体的设计偏向自由，体现出小朋友活泼、好动、不拘一格的心理特征。

Logo制作主要用到了几何图形工具、椭圆工具、挑选工具、文字工具以及对应的属性编辑命令。要求学生能够熟练使用对应的工具完成Logo制作，并能举一反三地应用。

Logo设计草图如图2-9所示。

图 2-9

任务实施

启动 CorelDRAW X6，执行"文件"→"新建"命令，或者按<Ctrl+N>组合键，在打开的"创建新文档"对话框中单击"确定"按钮，新建一个图形文件。新建的页面尺寸默认为A4，如图2-10所示。

1. 绘制雄狮子

1）选择"矩形工具" ，按住<Ctrl>键，在页面中画一个正方形，按<Shift+F11>组合键打开"均匀填充"对话框，设置颜色为（C59、M13、Y100、K0），如图2-11所示，单击"确定"按钮，完成方形的填充，右击调色板上部的⊠按钮，取消轮廓线，效果如图2-12所示。

图 2-10 图 2-11 图 2-12

 **基本知识**

> 如果需要填充的是调色板中的颜色，选中对象后，左键单击调色板中的颜色即可，按住左键1s以上，可弹出与选中颜色相近的色块。

2）接下来需要将方形变成圆角矩形。按<F10>键，快速选中"形状"工具，选中方形边角的节点，按下鼠标左键拖曳方形边角的节点，可以改变边角的圆滑程度，如图2-13所示，松开鼠标左键，圆角矩形的效果如图2-14所示。

3）绘制狮子脸部。使用"选择工具" 选中圆角矩形，按住<Shift>键的同时，按住鼠标左键向内拖曳到合适位置，按下鼠标右键的同时放开鼠标左键，缩小并复制了一个圆角矩形，如图2-15所示。按<Shift+F11>组合键，打开"均匀填充"对话框，设置小圆角矩形颜色为（C20、M0、Y91、K0），效果如图2-16所示。

图 2-13 图 2-14 图 2-15 图 2-16

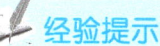 **经验提示**

> 如果绘制好矩形后，转变为曲线对象，则不能再对其边角进行圆角变化。

4）绘制耳朵。使用"椭圆形工具" 在脸部上方绘制椭圆，如图2-17所示，将其填充颜色为（C20、M0、Y91、K0）并取消轮廓线。使用"选择工具"再次单击椭圆，旋转椭圆到合适角度，如图2-18所示。再次复制耳朵，拖曳到脸部右方，按工作区上方属性栏中的"水平镜像"按钮，将耳朵翻转，效果如图2-19所示。

5）绘制五官其他部位。同样使用"椭圆工具"绘制出眼睛、鼻子和嘴部，并分别填充黑色和白色，效果如图2-20所示。

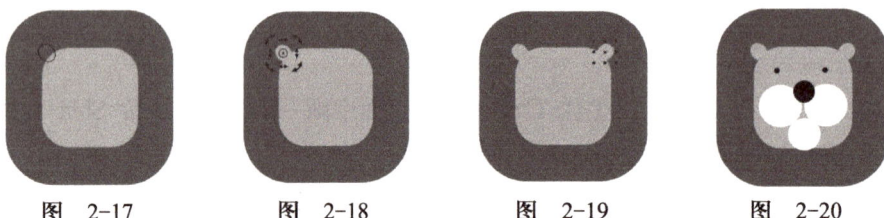

图 2-17   图 2-18   图 2-19   图 2-20

> 📖 **经验提示**
>
> 如果不想让绘制好的图形影响接下来的操作，可选中图形并单击鼠标右键，在弹出的快捷菜单中选择"锁定对象"选项，则将此对象锁住，需要再对其操作时，按同样的操作选择"解锁对象"选项即可。

6）绘制领结。单击"多边形工具"按钮，在属性栏中的"点数或边数"框中设置"3"，按住<Ctrl>键，在狮子颈部位置拖曳出一个正三角形，如图2-21所示。在属性栏上"旋转角度"文本框中设置270°，将三角形旋转到合适位置，填充颜色，如图2-22所示。复制三角形并水平镜像，做出领结效果，如图2-23所示。

图 2-21   图 2-22   图 2-23

2. 绘制女版小狮子

女版小狮子的脸部大部分五官跟雄狮基本一致，不同的是脸部和嘴部的颜色、眼睛的弧度，需要做出微笑的小狮子表情。

1）将鼠标定位在"选择工具"，按住鼠标左键进行拖曳，将刚刚绘制的狮子脸部图形框选住，如图2-24所示，注意不要选中狮子毛发和领结部分，选中狮子脸部和五官部分，如图2-25所示。

2）复制选中部分，并拖曳到旁边位置，将脸部颜色填充为白色，嘴部填充颜色为（C20、M0、Y91、K0），如图2-26所示。

图 2-24   图 2-25   图 2-26

3）可以看到狮子的耳朵部分还处在脸部的上方，使用"选择工具"框选住两只耳朵图形，单击鼠标右键，在弹出的快捷菜单中选择"群组"命令将它们群组起来。然后再次单击鼠标右键，在弹出的快捷菜单中选择"顺序"→"向后一层"命令，将耳朵移到脸部的后面，如图2-27所示。

4）接下来将绘制眼睛。将复制的狮子的眼睛选中并删除，选择"三点曲线"工具，在狮子眼睛部位单击鼠标左键以确定曲线的起点，拖曳鼠标，放开鼠标后确定终点，再移动鼠标确定曲线的弧度，如图2-28所示。再次使用"三点曲线"工具，连接刚刚的起点和终点，拖动鼠标确定弧度，月牙形眼睛效果如图2-29所示。将绘制好的眼睛填充黑色，去除轮廓线，效果如图2-30所示。

5）制作耳部蝴蝶结。复制领结，并适当地缩放和旋转，放置在复制的小狮子的耳朵上，此时狮子图形绘制部分完成，效果如图2-31所示。

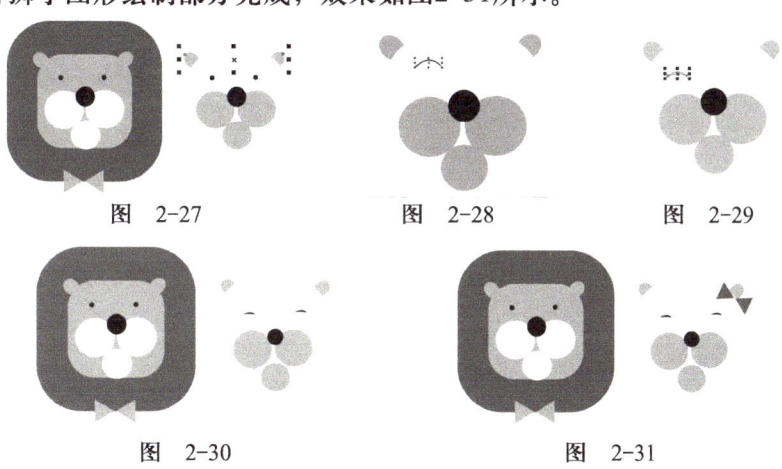

图　2-27　　　　　　图　2-28　　　　　　图　2-29

图　2-30　　　　　　　　图　2-31

经验提示

✧　在框选时，必须保证对象的所有图形部分都在线框中才能选中对象，否则将不会选中该对象。

✧　群组的快捷命令为<Ctrl+G>组合键，取消群组为<Ctrl+U>组合键。

✧　拖曳对象时如果需要在同一水平面或者垂直面上移动应同时按住<Ctrl>键或<Shift>键。

✧　绘制曲线必须闭合才能填充颜色。

3．标志文字

下面需要将标志的文字添加上去。

1）选择"文本工具"，在标志下方的合适位置单击鼠标左键，出现"I"形插入文本光标，属性栏显示为"文本"属性，选择字体，设置字号和字符属性，如图2-32所示。设置完成后，直接输入美术字文本"金狮幼儿园"，并填充颜色。

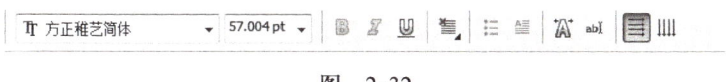

图　2-32

2）光标定位在"金狮"后面，按<Enter>键，将文字分成两行，按<Ctrl+K>组合键，打散文字，效果如图2-33所示。这个时候"金狮"与"幼儿园"就分成两行单独的文字，对其调整位置。

3）如样文所示，"幼儿园"3字的大小并不一致，再次使用"选择工具"选中"幼儿园"，按<Ctrl+K>组合键，将文字打散，选中"园"字放大到合适位置。效果如图2-34所示。

4）再次选择"文字工具"，输入"KING SHARE KINDERGARTEN"，按<Shift+F11>组合键，在弹出的"颜色填充"对话框中设置颜色为（C20、M0、Y91、K0）。按<Ctrl+K>组合键将文字打散，使用选择工具将3个单词的位置进行调整，完成效果如图2-35所示。

图 2-33   图 2-34   图 2-35

经验提示

◇ <Ctrl+K>组合键的作用是打散，如果输入的是英文，第一次打散为单词状态，第二次打散为单独的字母。

◇ 复制已有对象的属性，可以选中对象，按住鼠标右键拖曳到需要设置属性的对象上，放开右键，在弹出的快捷菜单中选中"复制所有属性"即可。

4. 落格效果

为了确定标志图案、文字之间的位置关系及大小比例，一般采用落格的方法，如图2-36所示。

图 2-36

必备知识

1. 绘制矩形

（1）绘制矩形

在CorelDRAW X6中，单击工具箱中的"矩形工具"按钮 ，在绘图页面按住鼠标左键不放，拖曳鼠标指针到需要的位置，松开鼠标左键，完成矩形绘制，如图2-37所示。按<ESC>键，取消矩形的选取状态。

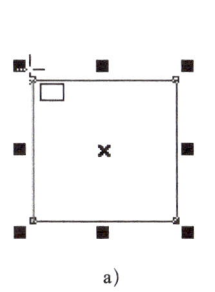 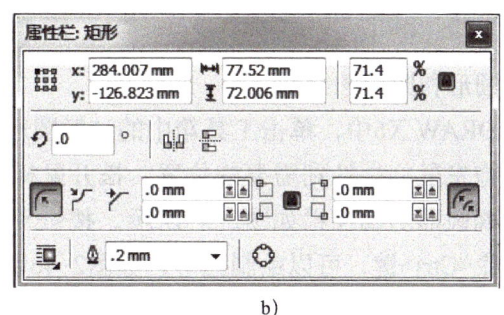

a) b)

图 2-37

按<F6>键，快速选择"矩形工具"。

按住<Ctrl>键，在绘图页面中绘制正方形。

按住<Shift>键，在绘图中心以当前点为中心绘制矩形。

按住<Shift+Ctrl>组合键，在绘图页面中以当前点为中心绘制正方形。

经验提示

提示：双击工具箱中的"矩形工具"，可以绘制出一个和绘图页面一样的矩形。

（2）不同角的矩形间的转换

① 单击工具箱中的"形状工具" ，选中矩形边角的节点，按住鼠标左键拖曳矩形边角的节点，可以改变边角的圆滑程度，如图2-38所示，放开鼠标得到圆角矩形的效果。观察属性栏中的"圆角半径"发生了变化，如图2-39所示。如果只需要其中的某一边形成圆角，则需将"同时编辑所有角" 的按钮状态弹起成为解锁状态 ，如图2-40所示，设置参数后的圆角矩形变为如图2-41所示的状态。

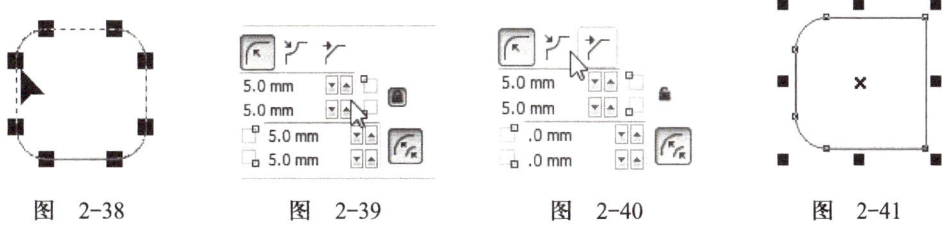

图 2-38　　　　图 2-39　　　　图 2-40　　　　图 2-41

② 单击属性栏中的"倒扇形角"按钮 ，矩形状态变为如图2-42所示。可用"形状工具"拖曳节点改变扇形角角度。

③ 单击属性栏中的"倒角" 按钮，矩形状态变为如图2-43所示。

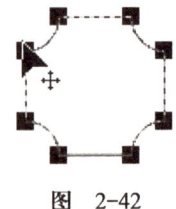

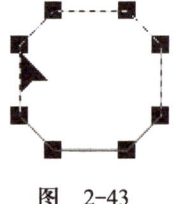

图 2-42   图 2-43

2．绘制椭圆形和圆形

（1）椭圆形和圆形的绘制

在CorelDRAW X6中，单击工具箱中的"椭圆形工具"按钮，在绘图页面按住鼠标左键不放，拖曳鼠标指针到需要的位置，松开鼠标左键，完成椭圆形绘制，如图2-44所示。绘制椭圆形的属性栏如图2-45所示。按<ESC>键取消椭圆形的选取状态。绘制过程中，按住<Ctrl>键，可以绘制圆形，如图2-46所示。

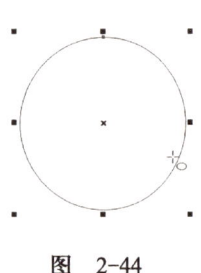

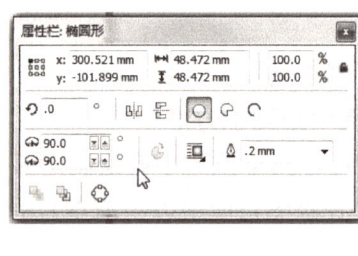

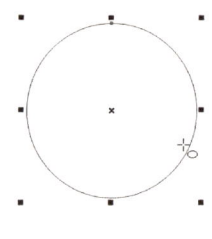

图 2-44   图 2-45   图 2-46

按<F7>键，快速选择"椭圆形工具"。

按住<Ctrl>键，在绘图页面中绘制圆形。

按住<Shift>键，在绘图中心以当前点为中心绘制椭圆形。

按住<Shift+Ctrl>组合键，在绘图页面中以当前点为中心绘制圆形。

（2）使用"椭圆形工具"绘制饼形和弧形

绘制一个椭圆，单击属性栏中的"饼图"按钮 ，属性栏如图2-47所示。将椭圆转换为饼形，如图2-48所示。

单击属性栏中的"弧形"按钮 ，属性栏如图2-49所示。将椭圆形转换成弧形，如图2-50所示。

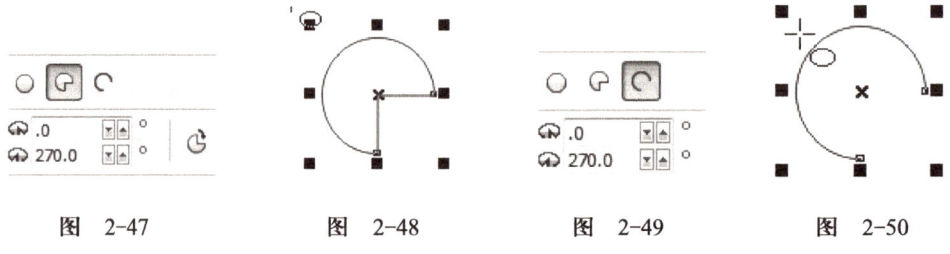

图 2-47   图 2-48   图 2-49   图 2-50

在"起始和结束角度" 中设置饼形和弧形起始角度和终止角度，按<Enter>

键后即可获得饼形和弧形的精确值，效果如图2-51所示。

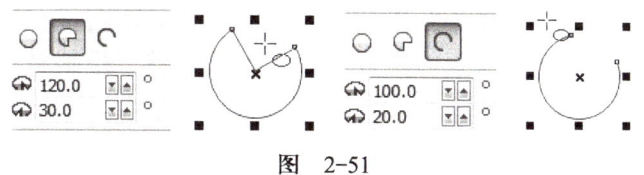

图 2-51

拖曳椭圆形的节点也可以改变饼形和弧形的角度。

（3）绘制任何角度的椭圆形

选择"椭圆形"工具按钮展开工具栏中的"3点椭圆形"工具，在绘图页面中按住鼠标左键不放，拖曳鼠标指针到需要的位置，可绘制一条任意方向的线段作为椭圆形的一个轴，松开鼠标左键，再拖曳鼠标到需要的位置，即可确定椭圆的形状，如图2-52所示。

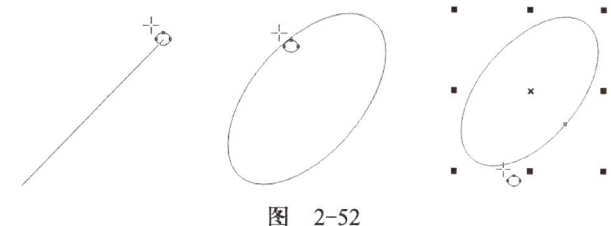

图 2-52

3．绘制多边形

工具箱中"多边形工具"按钮下含有5种多边形形状，如图2-53所示。

图 2-53

（1）绘制多边形

选择"多边形工具"，在绘图页面按住鼠标左键不放，拖曳鼠标指针到需要的位置，松开鼠标左键，对称多边形绘制完成。多边形效果和属性栏如图2-54所示。

设置多边形属性栏中的"点数或边数"为3，多边形变成三角形，效果如图2-55所示。

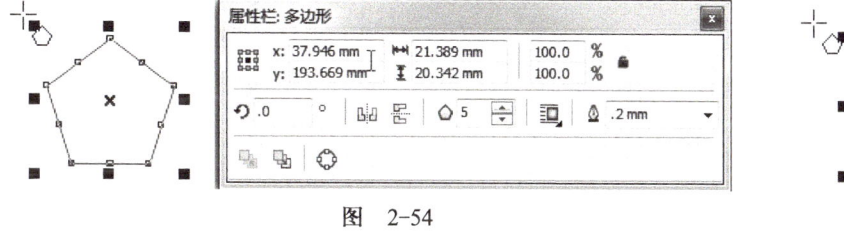

图 2-54

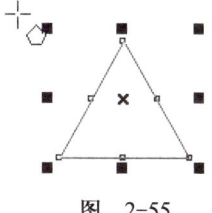

图 2-55

(2) 绘制星形

选择"多边形工具" ⬡ 展开工具栏中的"星形"工具 ✶，在绘图页面按住鼠标左键不放，拖曳鼠标指针到需要的位置，松开鼠标左键，绘制星形完成，属性栏和效果如图2-56所示。在星形属性栏中的"点数或者边数" ✩ 3 中设置参数为3，按<Enter>键后，星形效果如图2-57所示，在"锐度" ▲ 30 改变数值为30，星形效果如图2-58所示。

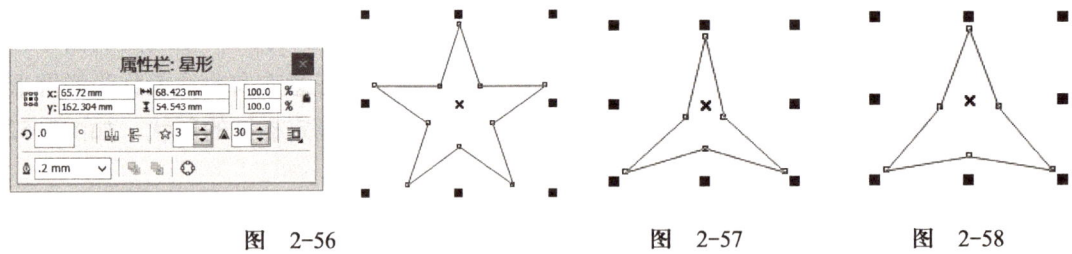

图 2-56　　　　　　　图 2-57　　　　　　　图 2-58

还可以使用鼠标拖曳多边形的节点来绘制星形。

绘制一个多边形，按<F10>键选择"形状工具"，单击轮廓线上的节点并按住鼠标左键不放，向多边形内外拖曳节点，放开鼠标左键后，可将多边形改变为星形，效果如图2-59所示。

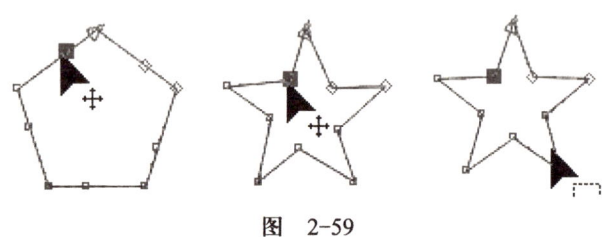

图 2-59

(3) 绘制复杂星形

选择"多边形工具" ⬡ 展开工具栏中的"复杂星形工具" ✹，在绘图页面按住鼠标左键不放，拖曳鼠标指针到需要的位置，松开鼠标左键，绘制复杂星形完成，属性栏和效果如图2-60所示。在复杂星形属性栏中的"点数或者边数"和"锐度"中设置参数值为 ✹ 15 ▲ 6 ，按<Enter>键后，星形效果如图2-61所示。

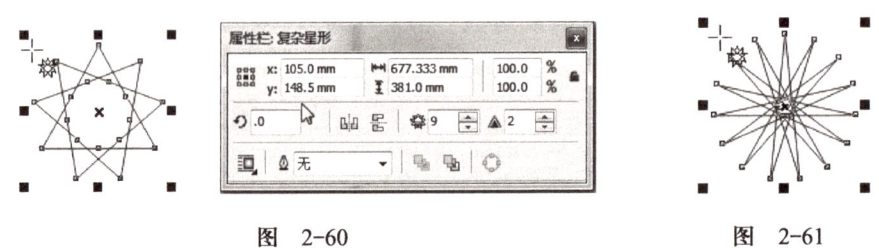

图 2-60　　　　　　　图 2-61

(4) 绘制螺旋线

选择"螺纹工具" ◎，在绘图页面按住鼠标左键不放，从左上角向右下角拖曳鼠标指针到需要的位置，松开鼠标左键，对称式螺纹绘制完成，从右下角向左上角拖曳鼠标指针，绘制出反向的对称式螺纹线，如图2-62所示。

在属性栏中的"螺纹回圈" 框中重新设置圈数5，按<Enter>键确认后再绘制图形，如图2-63所示。

单击属性栏中的"对数螺纹" 按钮，在 100 中设定螺旋线的扩展参数为100，在页面中绘制螺旋线，如图2-64所示。

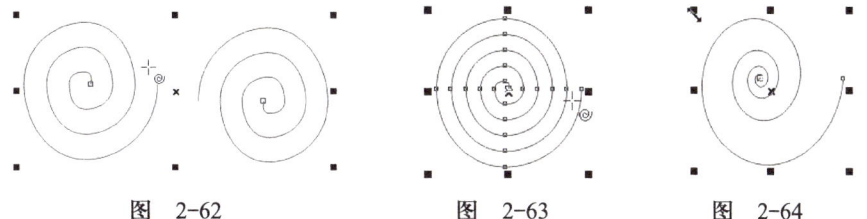

图 2-62   图 2-63   图 2-64

4. 挑选工具

在CorelDRAW X6中，"挑选工具" 的主要功能是选择对象，并对其进行移动、复制、缩放、旋转或者扭曲等操作。

🔍 **技巧提示**

> 使用工具箱中除"文字工具"外的任何一个工具时，按一下空格键，可以将当前使用的工具切换为"挑选工具"。再次按空格键，可恢复为先前使用的工具。

（1）对象的选取

在工作页面中新建一个图形对象时，一般对象都处于选取状态，如图2-65所示，按下<Esc>键取消选取状态，如需再次选中，使用"选取工具" 直接单击对象即可。

当需要选取多个对象时，可使用"选择工具" 在绘图页面中要选取的图形对象外围单击鼠标左键并拖曳鼠标指针，会出现一个蓝色虚线圈选框，完全圈住对象后松开鼠标，被圈选的对象处于被选取状态，如图2-66所示。

图 2-65   图 2-66

（2）对象的移动

使用"选择工具"，选取要移动的对象，将鼠标指针移到对象的中心控制点 × 位置上，鼠标指针显示为四向箭头图标 ✛ 时，按下鼠标左键并拖曳，即可移动选中的图形。按住<Ctrl>键拖曳鼠标，可将图形在垂直或者水平方向上移动。

✦ 用鼠标圈选的同时按住<Alt>键，蓝色虚线框接触到的对象都将被选取。

✦ 按住<Shift>键，单击其他图形则添加选择，如单击已选择图形则为取消选择。

✦ 当许多图形叠加在一起时，按住<Alt>键，可以选择最上层图形后面的图形。

✦ 按<Tab>键，可以选择最后绘制的图形，如果继续按<Tab>键，则可以按照绘制图形的顺序，从后面向前选择绘制的图形。

（3）对象的复制

将图形移动到合适位置后，在不释放鼠标左键的情况下，单击鼠标右键，然后同时释放鼠标左键和右键，即可将选中的图形移动复制，如图2-67所示。

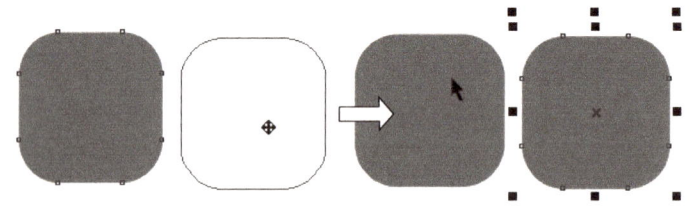

图　2-67

技巧提示

选择图形后，按键盘右侧数字区中的<+>键，可以将选中的图形在原位置复制。

（4）对象的变换

图形的变换包括缩放、旋转和镜像图形等。

1）图形的缩放。使用"选择工具"![](选取要缩放的对象，对象周围出现控制手柄，用鼠标拖曳控制手柄，指针变为↗或者↘可以缩放对象。拖曳对角线上的控制手柄可以按比例缩放对象。拖曳中间位置的控制手柄将不规则地缩放对象，如图2-68所示。

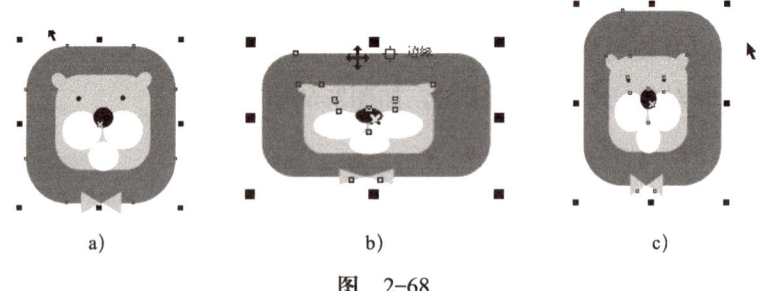

a)　　　　　　　　　　b)　　　　　　　　　　c)

图　2-68

技巧提示

拖曳对角线上的控制手柄时，按住<Shift>键，将以当前中心标记为中心点等比例放大或缩小。

2）图形的旋转。在选择的图形上再次单击鼠标左键，图形周围的8个控制点将变为双向弯曲箭头形状，将鼠标指针放置在任一角的旋转符号上，当鼠标指针显示↻形状时，拖曳鼠标可以对图形进行旋转，旋转图形时，按住<Ctrl>键可以将图形以15°

的倍数进行旋转，如图2-69所示。

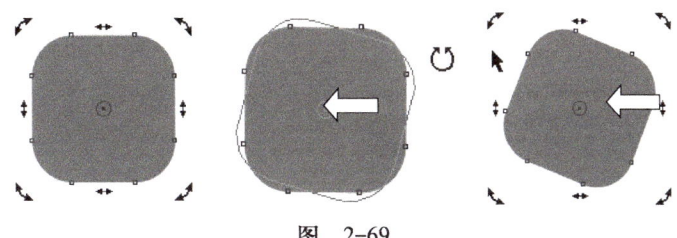

图 2-69

3）图形的扭曲。在选择的图形上再次单击鼠标左键，然后将鼠标指针放置在图形任意一边中间的扭曲符号上，当鼠标指针显示为 ⇌ 或 ↕ 形状时拖曳鼠标，可对图形进行扭曲变形，效果如图2-70所示。

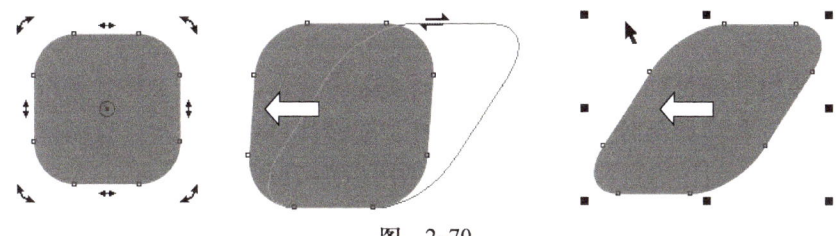

图 2-70

4）图形的镜像。选择要镜像的图形，按住<Ctrl>键，将鼠标指针移动到图形周围任意一个控制点上，按下鼠标左键并向对角方向拖曳，当出现蓝色的线框时释放鼠标左键，即可将选择的图形镜像。效果如图2-71所示。

也可以选择图形，单击属性工具栏上的"水平镜像"和"垂直镜像"按钮 ⊞⊟ 对图形镜像。

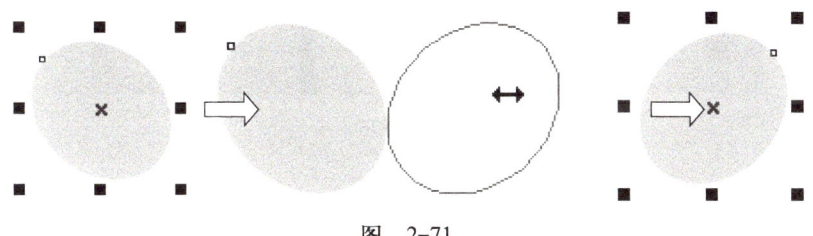

图 2-71

任务拓展

知识要点：运用几何图形工具绘制图形，挑选工具进行图形编辑和变换，填充和描边工具进行填色，文字工具添加文字，制作完成如图2-72～图2-75所示的Logo作品。

图 2-72   图 2-73

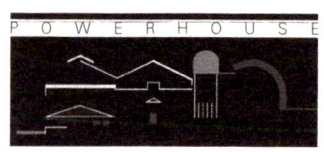

图 2-74   图 2-75

▶▶▶ 任务2   设计信封和卡片

任务分析

VI办公应用系统是VI设计部分中的一项重要内容。设计要求具有实用性，能将VI设计的基础部分和应用部分快速地分类总结。在设计过程中，通过绘制图形并添加基本图形元素的方式制作信封和卡片。设计草图如图2-76所示。

图 2-76

任务实施

1. 信封制作

启动CorelDRAW X6软件，执行"文件"→"新建"命令，或者按<Ctrl+N>组合键，在打开的"创建新文档"对话框中单击"确定"按钮，新建一个图形文件。新建的页面默认为A4大小。

1）绘制信封轮廓。使用"矩形工具"绘制一个白色矩形，轮廓色为黑色，轮廓宽度为0.5mm。

2）使用贝塞尔工具绘制信封右侧，并填充颜色为（C59、M13、Y100、K0），如图2-74所示。

3）绘制邮编方格。使用矩形工具绘制正方形，并设置红色轮廓线，轮廓宽度为0.75mm，依次复制5个放置在合适的位置，效果如图2-77所示。

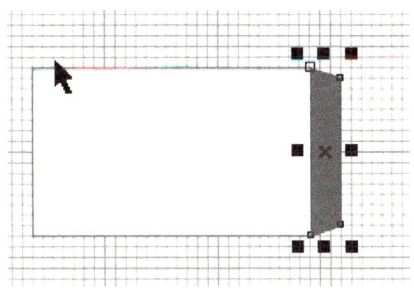
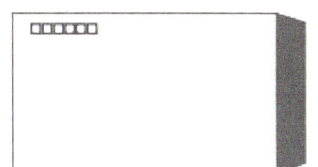

图 2-77

4）绘制邮票方格。使用矩形工具在信封右侧绘制合适大小的正方形，并复制一个拖曳到左侧以制作虚线方格。

5）按<Alt+Enter>组合键，打开"属性"对话框，在轮廓标签下设置样式为虚线方式。效果如图2-78所示。

6）添加图形元素。使用贝塞尔工具绘制信封底部的图形元素，如图2-79所示。框选刚刚绘制的图形元素并按<Ctrl+G>组合键群组。

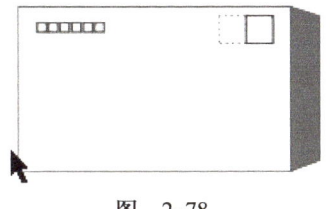

图 2-78

图 2-79

7）单击"文本"→"插入符号字符"命令（或者使用<Ctrl+F11>组合键），打开"插入字符"泊坞窗，在"Webdings"和"Windings"字体中选择合适的图形拖曳到工作区中，移动图形的位置并改变大小，制作出如图2-80所示的效果。

8）将绘制的图形全部群组，执行"效果"→"图框精确裁剪内部"→"置于图文框内部"命令，然后单击信封矩形框，将刚刚绘制的图形放入信封内部，效果如图2-81所示。

图 2-80

图 2-81

9）添加Logo和文字，效果如图2-82所示。

10）使用同样的方法制作信封背面，效果如图2-83所示。

图 2-82　　　　　　　　　　　　图 2-83

11）最终效果如图2-84所示。

图 2-84

2．参观证制作

1）创建一个默认大小的新文件，单击"矩形"工具在工作区中绘制一个矩形，并利用"形状工具"将矩形调整为合适的圆角矩形，填充30%灰度，轮廓线颜色为无，如图2-85所示。

2）选中图形，长按工具箱中的 🔲 按钮，在弹出的扩展工具栏中单击"透明度工具" 🔲，在属性栏上"透明度类型"下拉框中选择"标准"，"透明度操作"下拉框中选择"常规"，"开始透明度"值为默认的"50"，则对所选图形的透明度均匀降低了50%，效果如图2-86所示。

图 2-85　　　　　　　　　　　　图 2-86

3）复制并缩小圆角矩形，填充颜色为（0、95、90、0），如图2-87所示。复制在信封制作时所绘制的图形，执行"效果"→"图框精确裁剪内部"命令，将图形放入到圆角矩形内部，效果如图2-88所示。

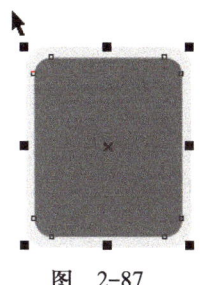

图 2-87 图 2-88

4）利用矩形工具绘制长方形，并调整边角弧度放置在上方作为参观证打孔位置，添加文字在合适位置。效果如图2-89所示。

5）使用矩形工具绘制长方形，填充颜色为（0、0、0、50），使用"透明度工具"设置标准透明度为50%，并添加白底黑边的圆形制作打孔效果，如图2-90所示。

6）按照制作参观证表面的方法制作参观证其他附属部分，如图2-91所示。

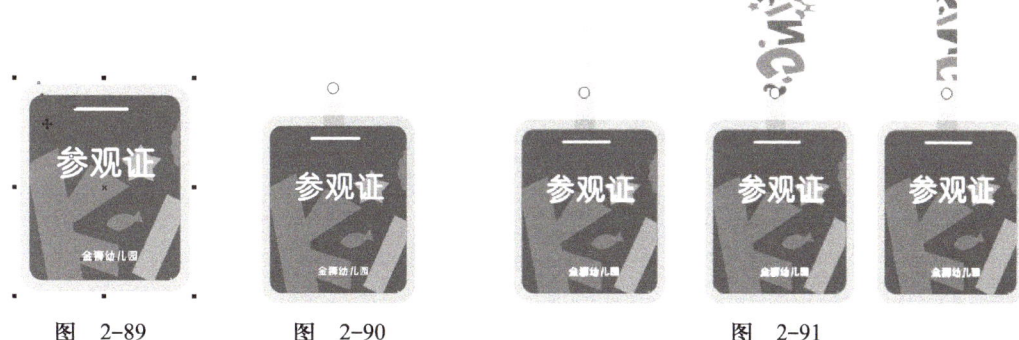

图 2-89   图 2-90   图 2-91

7）绘制矩形，并按<Ctrl+q>组合键将矩形转换成曲线，使用 形状工具框选矩形下方的两个锚点，单击属性栏上的"转换为曲线"按钮 ，将线条转换成曲线。在"形状工具"状态下，将鼠标靠近矩形下方的线段，当变成 状态时按住鼠标左键拖动线段到一定弧度后放开鼠标左键，效果如图2-92所示。

8）按<F11>键打开"渐变填充"对话框，如图2-93所示。在"类型"下拉框中选择"线性"，点选"自定义"单选按钮，在"位置"选项中"预览色带"大约55%位置添加色标并设置颜色为白色，75%位置添加色标并设置颜色为黑色，单击"确定"按钮，效果如图2-94所示。至此，参观证制作完成。用同样的方法制作其他内容。最后效果如图2-95所示。

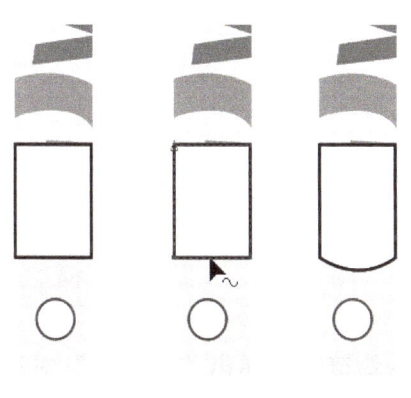

图 2-92   图 2-93

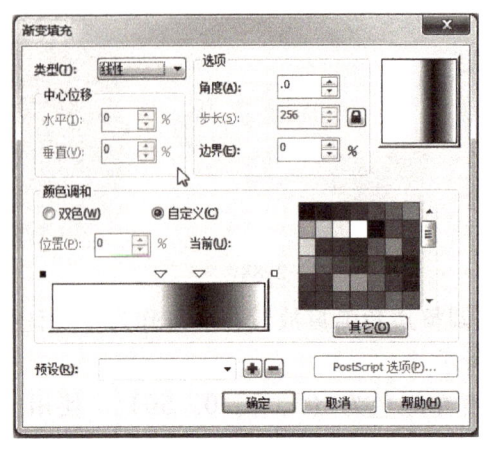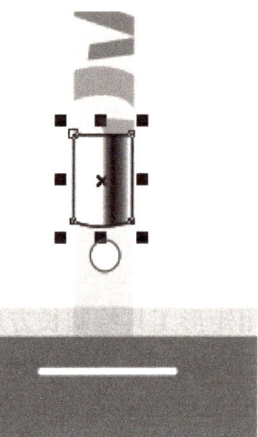

图　2-94

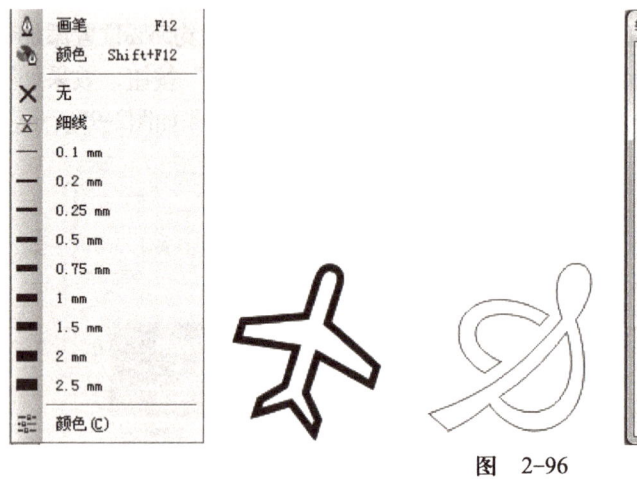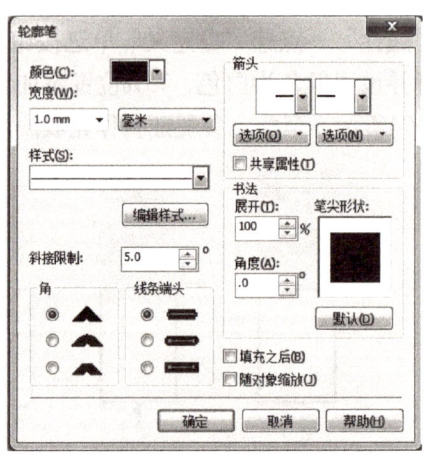

图　2-95

必备知识

1. 轮廓工具

绘制一个图形后，单击"轮廓笔"工具 ，弹出"轮廓"工具的展开工具栏，可以设置图形的轮廓线的粗细和颜色，如图2-96所示。

图　2-96

1）设置轮廓线颜色。选中图形，按<F12>快捷键，弹出"轮廓笔"对话框，在"颜色"下拉列表可以设置轮廓线的颜色。默认状态下，轮廓线的颜色为黑色。

2）设置轮廓线的粗细及样式。在"轮廓笔"对话框中，"宽度"选项可以设置轮廓线的宽度和度量单位。"样式"选项可以设置轮廓线的样式。如果选择虚线则可以看到如图2-97所示的效果。

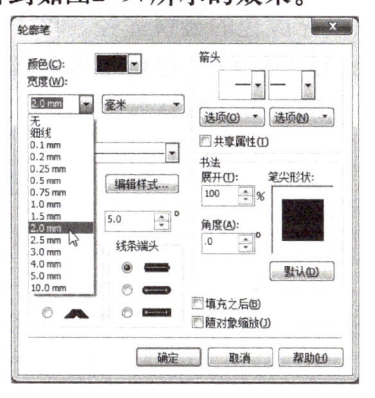  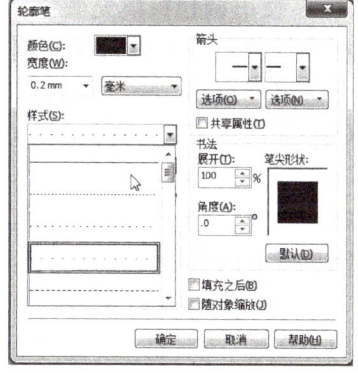

图 2-97

3）设置轮廓线角的样式。在"轮廓线"对话框中，"角"设置区可以设置轮廓线角的样式，提供了3种拐角方式，分别是尖角、圆角和平角。将轮廓线的宽度增加后，拐角的效果会更加明显，效果如图2-98所示。

4）设置轮廓线的端头样式。在"轮廓线"对话框中，"线条端头"设置区可以设置线条端头的样式，分别是削平两端点、两端点延伸成半圆形、削平两端点并延伸，效果如图2-99所示。

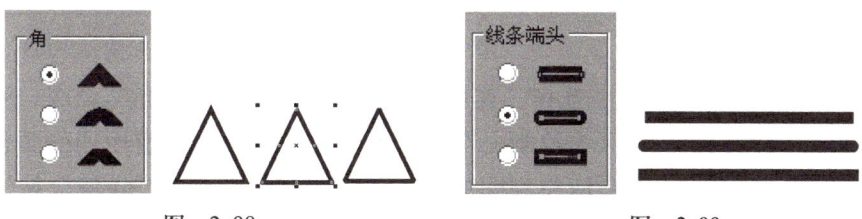

图 2-98   图 2-99

5）设置轮廓线两端的箭头样式。在"轮廓线"对话框中，"箭头"设置区可以设置线条两端的箭头样式，如图2-100所示。

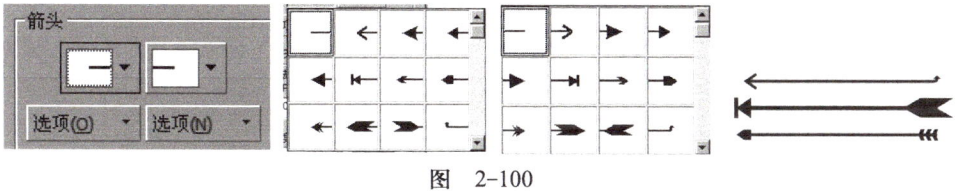

图 2-100

"后台填充"选项：会将图形对象的轮廓置于图形对象的填充之后。图形对象的填充会遮挡图形对象的轮廓颜色，只能观察到轮廓的一段宽度的颜色。

基本知识

　　选定图形对象，然后按<Alt+Enter>键打开属性泊坞窗，在 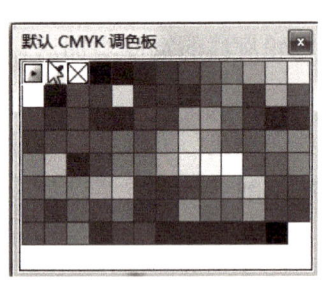 轮廓按钮下也可以设置轮廓线的属性。

2. 标准颜色填充

　　在CorelDRAW X6中，颜色的填充包括图形对象的轮廓和内部的填充。图形对象的轮廓只能填充单色，而图形对象的内部可以进行单色、渐变、图案等多种方式的填充。

　　1）使用调色板填充颜色。使用调色板是给图形对象填充颜色的最快途径。单击调色板中的颜色，可以将颜色填充到图形对象中。在CorelDRAW X6中提供了多种调色板，选择"窗口"→"调色板"命令，可以选择多种颜色调色板，默认状态下使用的是CMYK调色板，如图2-101所示。

　　绘制一个要填充的图形对象，使用选择工具选中它，在调色板上选中的颜色上单击鼠标左键，图形内部被选中颜色填充，单击调色板中的"无填充"按钮 ⊠ ，可取消对图形对象内部的颜色填充，如图2-102所示。

　　2）单击"填充"工具 ，单击"均匀填充"命令，或者按<Shift+F11>组合键，弹出"均匀填充"对话框，在此对话框中提供了3种设置颜色的方式，分别是模型、混合器和调色板，选择任意一种都可以设置需要的颜色，如图2-103所示。

图 2-101

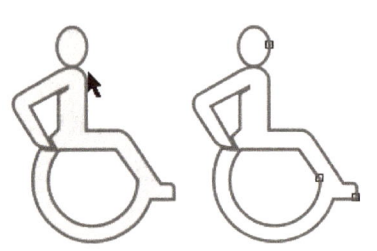
图 2-102

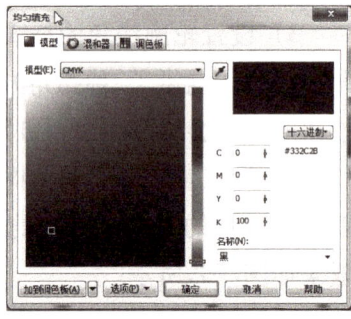
图 2-103

　　3）使用"颜色"泊坞窗。选择"窗口"→"泊坞窗"→"彩色"命令，弹出"颜色泊坞窗"对话框，在工作区中绘制一个图形，在"颜色"泊坞窗中调配颜色，单击"填充"按钮，将调配的颜色填充到图形中，也可调好色后单击"轮廓"按钮，填充颜色到图形的轮廓线。效果如图2-104所示。

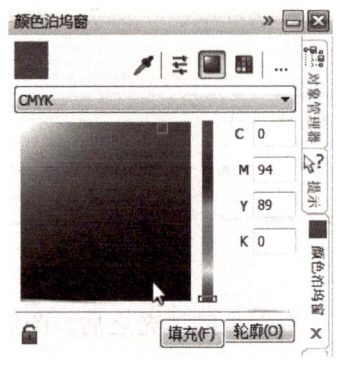

图 2-104

3. 渐变填充

在CorelDRAW X6中，渐变填充提供了线性、辐射、圆锥和正方形4种渐变色彩模式，可以绘制出多种渐变颜色效果。

选择"填充"工具⬧展开工具栏中的"渐变填充"工具，或者按<F11>快捷键。弹出"渐变填充"对话框，在对话框中的"颜色调和"设置区中可选择渐变填充的两种类型："双色"或"自定义"渐变填充。

1）双色渐变填充。在"类型"选项中可以选择线性、辐射、正方形、圆锥形4中渐变方式。在颜色调和选项中单击"从""到"后面的颜色色块可以设置渐变填充的颜色，如图2-105所示。

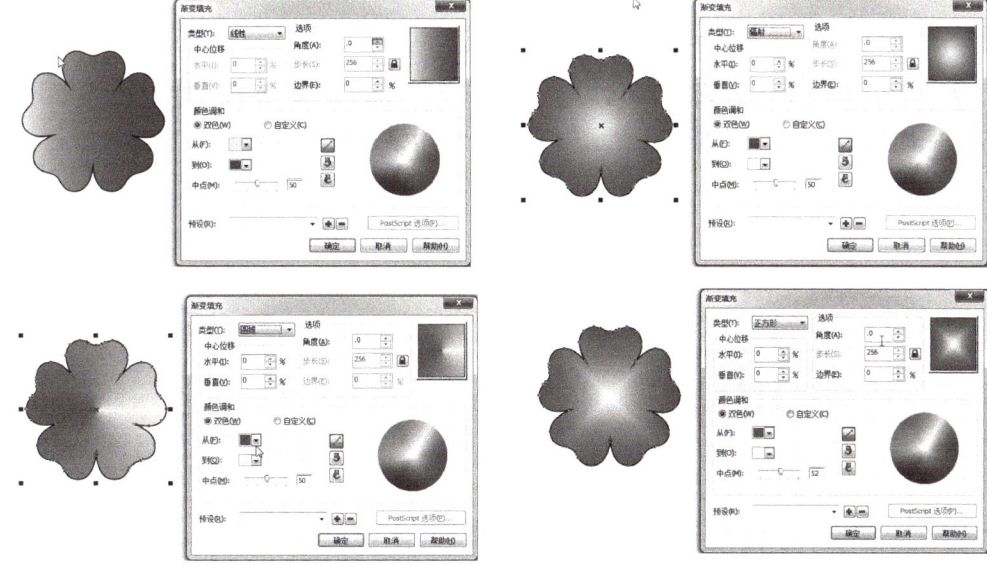

图 2-105

2）自定义渐变填充。单击选择"颜色调和"下的"自定义"单项选择，如图2-106所示。在"颜色调和"设置区中，出现了"预览色带"和"调色板"，在"预览色带"上方左右两侧各有一个小正方形，分别代表自定义渐变填充色的起点和终点，单击小正方形，为黑色时，在调色板中选择颜色即可改变渐变起点或者终点的颜色。

在"预览色带"起点和终点之间的任意位置双击，将在预览色带上产生一个黑色倒三角形按钮▼，在调色板中选择颜色则在渐变中增加了新的颜色，如图2-107所示。

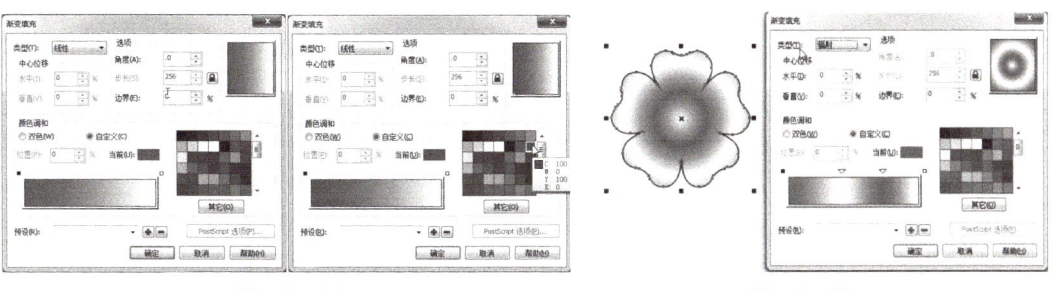

图 2-106   图 2-107

3）渐变填充的样式。绘制一个图形，在"渐变填充"对话框中的"预设"选项中包含了CorelDRAW X6预设的一些渐变效果，如图2-108所示。使用预设的渐变效果填充的效果如图2-109所示。

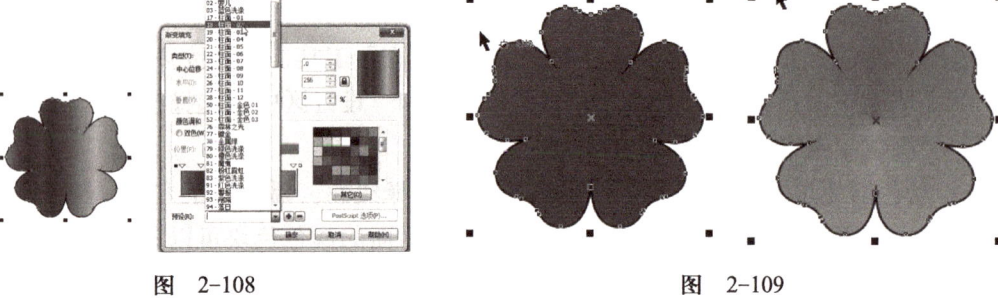

图 2-108   图 2-109

任务拓展

要求：根据提供的效果图，运用"任务实施"和"必备知识"中介绍的工具及制作方法完成如图2-110、图2-111所示的VI办公应用系统设计内容。

图 2-110   图 2-111

▶▶▶ 任务3   设计表扬旗和宣传栏

任务分析

幼儿园的导视系统是营造幼儿园风格、塑造幼儿文化的重要组成部分，即要有信号、标志、说明、指示等多种含义，同时也是幼儿园环境布局的重要环节。在此任务中，我们选取了幼儿园表扬旗和幼儿园宣传栏作为实例进行操作，设计草图如图2-112所示。

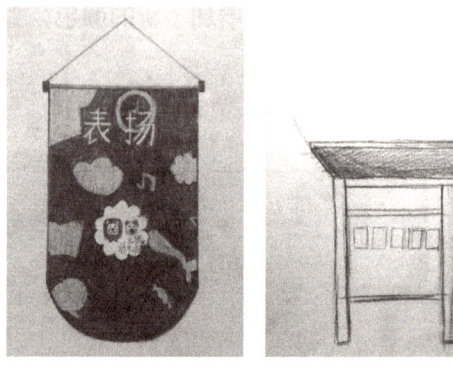

图 2-112

任务实施

1. 制作幼儿园表扬旗

1）启动CorelDRAW X6软件，执行"文件"→"新建"命令，或者按<Ctrl+N>组合键，在打开的"创建新文档"对话框中单击"确定"按钮，新建一个图形文件。新建的页面默认为A4大小。

2）绘制旗杆。选择矩形工具绘制长方形，按<F11>键，弹出"渐变填充"对话框，点选"自定义"单选按钮，在"位置"选项分别添加18、50、80几个位置点，分别设置几个包括起始点和终点位置点颜色渐变值为"10%黑，50%黑，10%黑，50%黑，70%黑"，轮廓色为无，效果如图2-113所示。

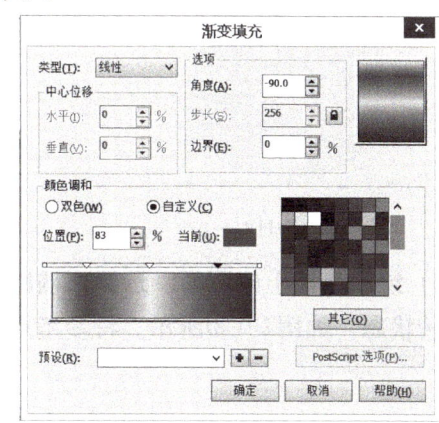

图 2-113

3）绘制旗柄。选择"矩形"工具绘制矩形，填充颜色为"80%黑"，轮廓色为"无"。放大画面，在矩形中的合适位置用直线工具绘制一条线段，轮廓色设置为"20%黑"，复制线段到下方。如图2-114所示。

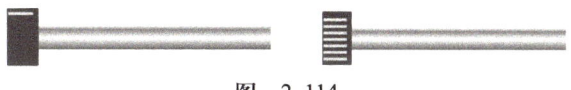

图 2-114

4）选中线段并按<Ctrl+G>组合键群组，执行"位图"→"转换成位图"命令，弹出如图2-115所示的"转换位图"对话框，参照其中的参数设置，将组合线段转换成位图。

5）选中刚设置的对象，执行"位图"→"模糊"→"高斯模糊"命令，执行效果和参数设置如图2-116所示。群组两个图形对象并复制一份到右侧，效果如图2-117所示。

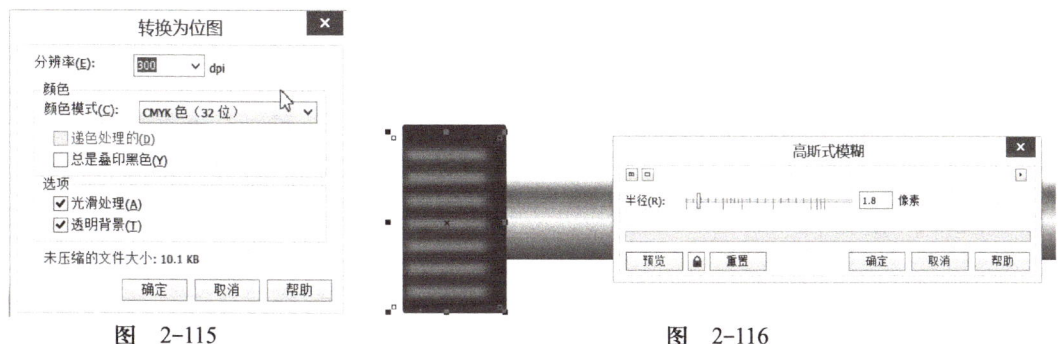

图 2-115　　　　　　　　　　　图 2-116

图 2-117

6）选择"贝塞尔工具"绘制旗面，设置图形填充颜色的CMYK值为（67、25、100、0），如图2-118所示。绘制旗帜里的图形，颜色填充的CMYM值为（20、0、91、0）。选择"透明度工具" 随机设置图形的透明度，并利用"图框精确裁剪内部"命令，将图形放进旗帜内部，效果如图2-119所示。

图 2-118   图 2-119

7）绘制旗面上的图形。选择"椭圆"工具绘制圆形，再次单击圆形，使圆形处于可旋转状态，如图2-120所示。将参考点拖动到圆形的垂直下方，如图2-121所示。

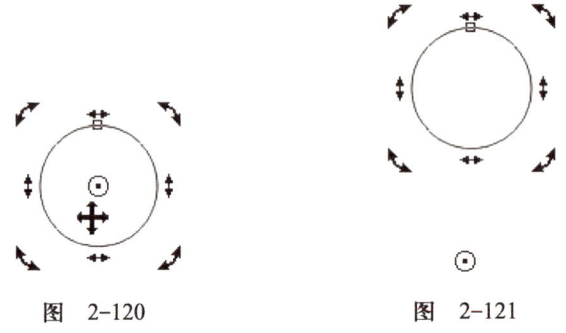

图 2-120   图 2-121

8）执行"窗口"→"泊坞窗"→"变换"→"旋转"命令，或者按<Alt+F8>组合键，打开"旋转泊坞窗"，设置参数如图2-122所示，单击"应用"按钮，得到效果如图2-123所示。绘制一个圆形叠在图形上，如图2-124所示。

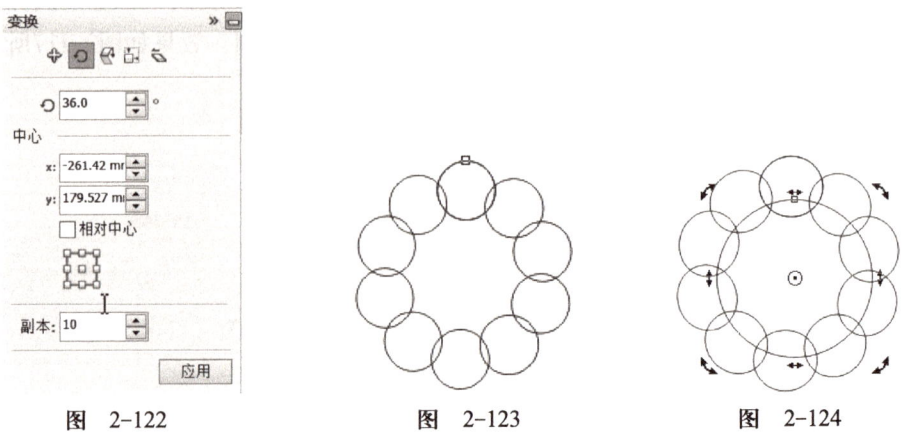

图 2-122   图 2-123   图 2-124

9）选择"挑选工具"框选全部圆形，在属性栏中单击"合并"按钮 🔲，将所有图形焊接为一个整体，效果如图2-125所示。将合并后的图形填充颜色设置为白色，轮廓色为无，放置在旗帜上，并将Logo复制在白色图形中间，在旗帜上添加合适大小的文字，最后效果如图2-126所示。

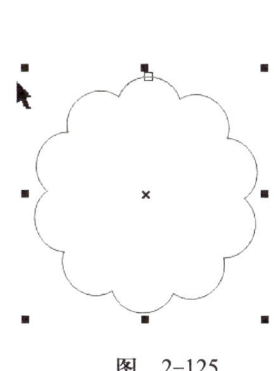

图 2-125　　　　　　　　　　图 2-126

10）选择"2点线"工具，在旗帜左侧下方绘制一条垂直线段，选择合适的轮廓线宽度，颜色与旗帜颜色相同，并设置线段为"圆形端头"。复制一条并水平拖动到旗帜右侧，如图2-127所示。

11）选择工具箱中的"交互式调和工具" 🔲 按钮，在"交互式调和工具"属性栏中设置调和对象为"15"，其他为默认，将鼠标移动到第一条线段上变为 状态时拖动鼠标到第二条线段上放开鼠标，则在两条线段间复制了15条线段，效果如图2-128所示。

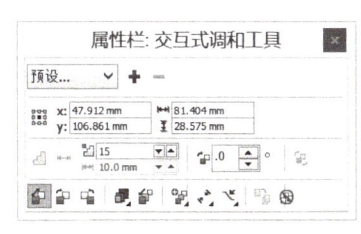

图 2-127　　　　　　　　　　图 2-128

12）选中调和对象，选择工具箱中"调和工具"展开工具栏中的"封套工具" 🔲，调整封套弧度，设置如图2-129所示。

13）选择"选择工具"选中封套对象，单击鼠标右键，在弹出的快捷菜单中选择"拆分调和群组"，并按<Ctrl+U>组合键对所有线段取消群组，局部调整线段位置和间隔，并将调整之后的对象框选并群组，按【Ctrl+PgDn】组合键将对象调整到旗帜后方，如图2-130所示。

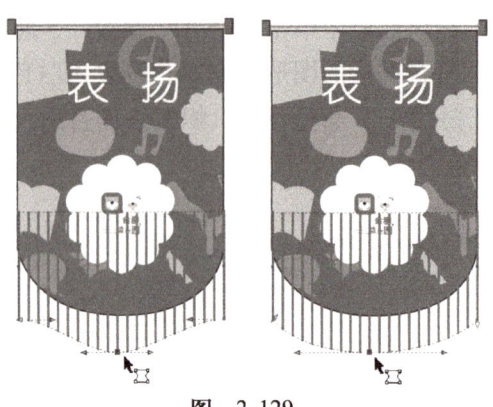
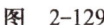

图 2-129   图 2-130

14）选择"贝塞尔工具"绘制曲线，并设置合适的虚线样式，调整到合适位置。最后效果如图2-131所示。

15）按照同样的方式绘制另一面表扬旗，最终效果如图2-132所示。

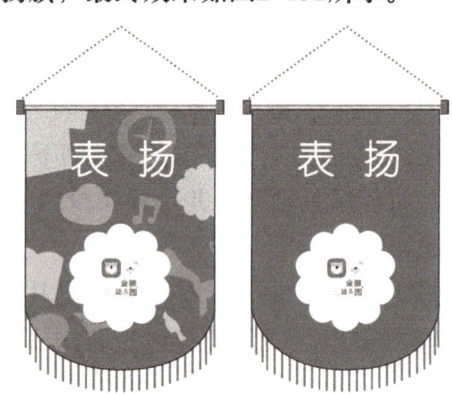

图 2-131   图 2-132

2. 幼儿园宣传栏制作

1）按<Ctrl+N>组合键，新建一个文件，单击属性工具栏上的"横向"按钮▢，将工作区设为横版。

2）绘制宣传栏顶部。选择"矩形工具"在工作区中绘制一个长条形矩形，填充颜色的CMYK值为（0、0、0、20），轮廓色为（0、0、0、60），效果如图2-133所示。

3）选择"贝塞尔工具"绘制梯形，填充颜色为（0、0、0、10）到（0、0、0、50）的双色渐变，轮廓色的CMYK值为（0、0、0、60），效果如图2-134所示。

图 2-133   图 2-134

4）绘制宣传栏柱。选择"矩形工具"在刚刚绘制的图形下方贴齐对象左侧从上至下绘制矩形，填充色的CMYK值为（0、0、0、20），轮廓色为（0、0、0、60），并复制两个均匀分布在中部和右侧。效果如图2-135所示。

5）绘制宣传栏柱的立体部分。选择"贝塞尔工具"，贴齐左右两侧矩形内部绘制梯形区域，并填充颜色为"0、0、0、70"，轮廓色为"无"，注意调整图形对象的顺序位置，效果如图2-136所示。

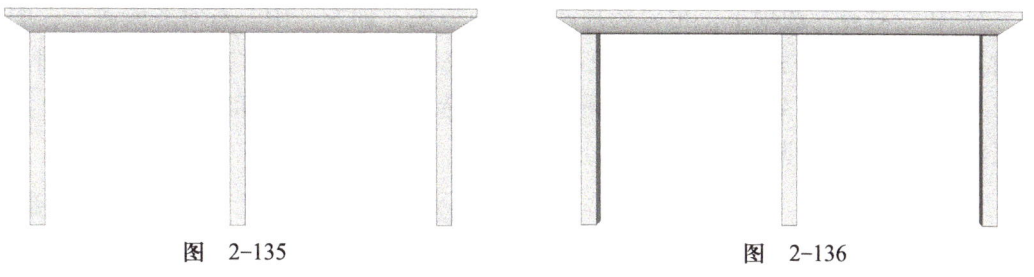

图 2-135　　　　　　　　　　　　图 2-136

6）选择"矩形工具"绘制宣传栏的其他部分，注意调整各个部分的上下顺序。效果如图2-137所示。

7）绘制宣传栏版面。选择"矩形工具"在页面上绘制合适大小的矩形，填充颜色的CMYK值为（59、13、100、0），并使用贝塞尔工具绘制图形，随机调整透明度值，效果如图2-138所示。

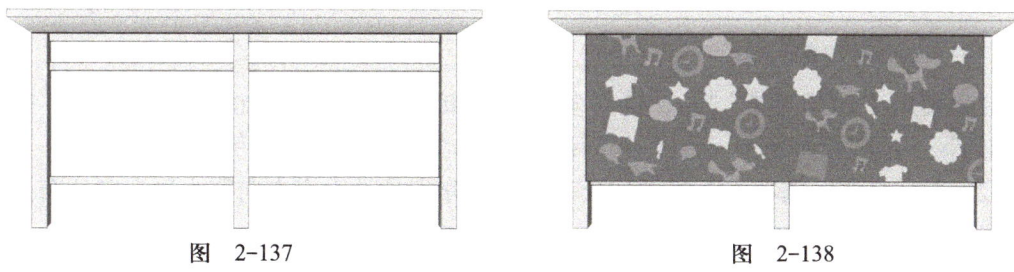

图 2-137　　　　　　　　　　　　图 2-138

8）使用"选择工具"选中刚刚完成的宣传栏版面，按<Ctrl+End>组合键将图形移动到页面后方，最后效果如图2-139所示。

9）将宣传栏上的文字、标志图形和其他内容添加到页面上，最后效果如图2-140所示。

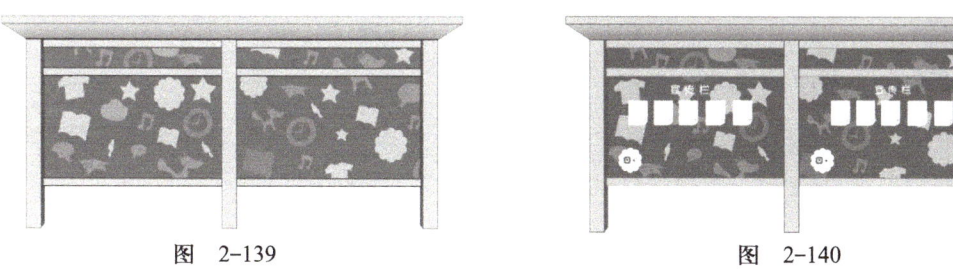

图 2-139　　　　　　　　　　　　图 2-140

必备知识

1. 对象的对齐和分布

在CorelDRAW X6中，提供了对齐和分布功能来设置对象的对齐和分布方式，下面介绍对齐和分布的使用方法和技巧。

（1）多个对象的对齐

1）使用"选择工具"选中多个要对齐的对象，执行"排列"→"对齐和分布"→"对齐与分布"命令，或单击属性栏中的"对齐与分布"按钮![对齐与分布按钮]，弹出如图2-141所示的"对齐与分布"对话框。

2）在"对齐"选项下，可以选择两组对齐方式，如左、中、右对齐或者上、中、下对齐。两组对齐方式可单独使用也可以配合使用。单击"右对齐"按钮![右对齐]，则几个图形对象向右对齐，效果如图2-142所示。注意选择对象时将目标对象最后选中，其他对象将以目标对象为基准对齐。

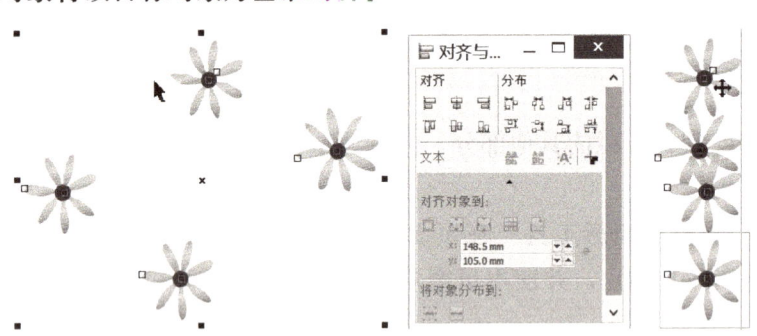

图　2-141　　　　　　　　　　　　　　图　2-142

（2）多个对象的分布

1）使用"选择工具"![选择工具]，选择多个要分布的图形对象，如图2-143所示，执行"排列"→"对齐和分布"→"对齐与分布"命令，弹出"对齐与分布"对话框。

2）在"分布"选项卡下有两种分布形式，分别是沿垂直方向和水平方向分布。可以选择不同的基准点来分布对象。

3）单击"垂直分散排列中心"按钮![垂直分散排列中心]，将选中对象在垂直方向上均匀分布，如图2-144所示。注意在对话框下方点选"选定的范围"![选定的范围]和"页面的范围"![页面的范围]所产生的分布效果并不相同。

图　2-143　　　　　　　　　　　　　　图　2-144

2．对象的排序

在CorelDRAW X6中，绘制的图形都存在重叠的关系，使用排序功能可以安排多个图形对象的前后排序，也可以使用图层来管理图形对象。

在绘图页面中先后绘制几个不同的图形对象，使用"选择工具"选择要进行排序的对象，如图2-145所示。选择"排列"→"顺序"子菜单下的各个命令，可将已选择的图形排序，也可以使用快捷键对选中的对象进行上下顺序的调整，如图2-146所示。

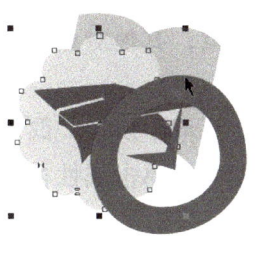
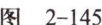

图 2-145

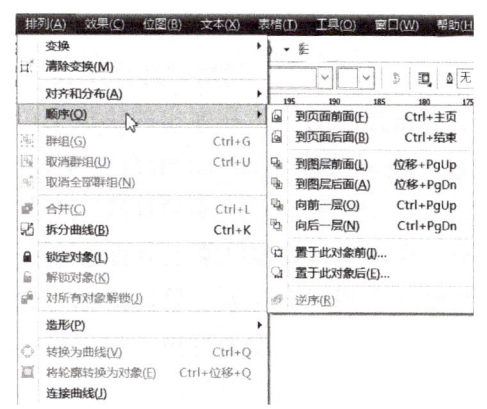

图 2-146

1）执行"到图层前面"命令，可以将选中的图形移动到绘图页面中其他图形对象的最前面。按<Shift+pgup>组合键也可以完成此操作，如图2-147所示。

2）选择"向后一层"，可以将选定图形从当前位置向前移动一个图层。按<Ctrl+PgDn>组合键也可以完成此操作。如图2-148所示。

3）当图形位于图形最前面位置时，选择"向后一层"可以将选定的图形从当前位置向后移动一层，按<Ctrl+PgDn>组合键也可以完成此操作，效果如图2-149所示。

图 2-147   图 2-148   图 2-149

4）选择"置于此对象前"可以将选定的图形放置在指定图形对象的前面。执行效果如图2-150所示。同样，"置于此对象后"可以将选定的图形放置在指定图形对象的后面，执行效果如图2-151所示。

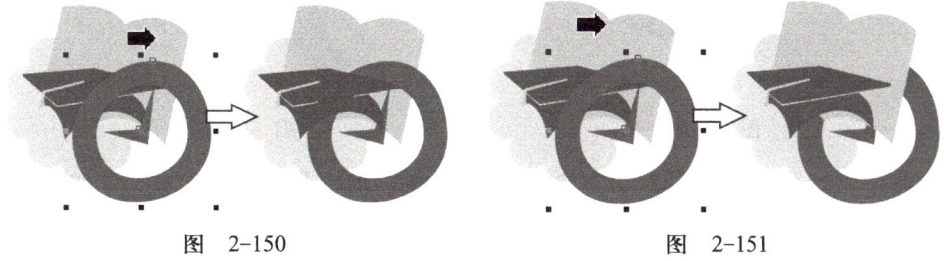

图 2-150   图 2-151

3. 群组和结合

在CorelDRAW X6中，提供了群组和结合功能。群组可以将多个不同的图形对象组合在一起，方便整体操作；结合可以将多个图形对象合并在一起，创建一个新的对象。下面介绍群组和结合的方法和技巧。

（1）群组

绘制几个图形对象，使用"选择工具"，框选要进行群组的图形对象，如图2-152所示，并单击鼠标右键，在弹出的快捷菜单中选择"群组"命令，将几个图形对象群组在一起。也可以按<Ctrl+G>组合键或者单击属性栏中的"群组"按钮，都可以将多个对象群组。群组后的对象变成一个整体，移动一个对象，其他对象也会随着移动；填充一个对象，其他对象也会随之被填充。

如果需要取消群组对象，单击鼠标右键，在弹出的快捷菜单中执行"取消群组"命令，将几个图形对象取消群组。也可以按<Ctrl+U>组合键或者单击属性栏中的"取消群组"按钮，都可以取消将多个对象群组状态。

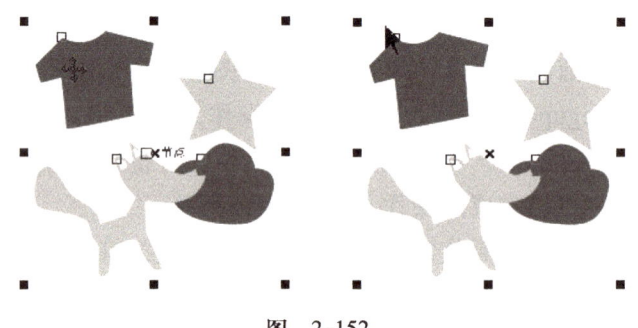

图 2-152

（2）合并

绘制几个图形对象，使用"选择工具"选中需要结合的图形对象，如图2-153所示。单击鼠标右键，在弹出的快捷菜单中选择"结合"命令，将几个图形对象群组在一起。也可以按<Ctrl+L>组合键或者单击属性栏中的"合并"按钮，都可以将多个对象结合，如图2-154所示。

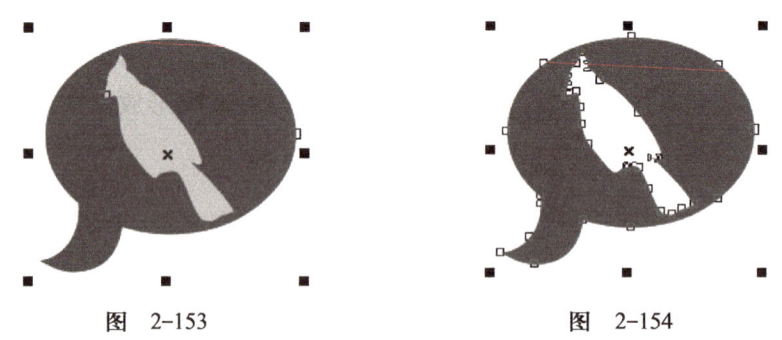

图 2-153   图 2-154

如果需要拆分已合并的对象，选中图形对象，单击鼠标右键，在弹出的快捷菜单中选择"拆分曲线"命令，也可以按<Ctrl+K>组合键或者单击属性栏中的"拆分"按钮，原来结合的图形对象将变成多个单独的图形对象。

🔍 技巧提示

如果对象结合前有颜色填充，那么结合后的对象将显示最后选取对象的颜色。如果使用框选的方法选取对象，将显示选框最下方对象的颜色。

任务拓展

知识要点：运用几何图形工具绘制图形，挑选工具进行图形编辑和变换，填充和描边工具进行填色，文字工具添加文字，制作完成如图2-155、图2-156所示的VI办公应用系统设计内容。

图 2-155

图 2-156

▶▶▶ 任务4 设计校服

任务分析

统一校服有利于启迪幼儿园中孩子们的社会成员意识，增强其集体荣誉感，优化育人环境，便于学校管理。本任务为绘制金狮幼儿园夏装、秋冬装、教职工服饰，并通过在服饰的衣领、口袋、领结等部分添加VI系统中的基本图形元素来增加服饰的个性效果。

服饰制作主要用到了贝塞尔工具、矩形工具、形状工具，以及对应的属性编辑命令。要求学生能够熟练使用对应的工具完成服饰制作，并能举一反三地应用。

设计的服装服饰草图如图2-157所示。

图 2-157

任务实施

启动CorelDRAW X6软件，执行"文件"→"新建"命令，或者按<Ctrl+N>组合键，在打开的"创建新文档"对话框中单击"确定"按钮，新建一个图形文件。新建的页面默认为A4大小。

1. 幼儿园学生夏季服饰（男童）

1）在页面中参考图2-158拖出相应的参考线：鼠标移到上标尺上，按住鼠标左键往下拖动则可拉出水平参考线；鼠标移到左标尺上，按住鼠标左键往右拖动则可拉出垂直参考线。

图 2-158

 经验提示

> 取消参考线：鼠标左键单击参考线（参考线变为红色），按<Delete>键可删除该线条。
>
> 清除参考线：鼠标对准某条参考线，双击左键，在弹出的对话框中单击"清除"命令。

2）单击工具箱中的"贝塞尔曲线"按钮，沿着参考线的方向绘制T恤上衣和裤子，效果图如图2-159所示。

3）给服装填充颜色（C59、M13、Y100、K0），效果图如图2-159所示。

图 2-159

4）绘制纽扣，使用"椭圆工具"绘制衣服上面的纽扣，纽扣轮廓颜色（C20、M0、Y0、K40），纽扣轮廓线条的宽度为0.2mm；填充颜色（C40、M0、Y20、K60），纽扣眼填充为黑色。

5）绘制衣服的标识，使用"椭圆工具"在衣服右上方绘制圆形，圆形轮廓颜色（C20、M0、Y20、K0），轮廓线条的宽度为1mm。

6）导入图片：执行"文件"→"导入"命令，导入素材库图片"标志插图.png"，调整图片的大小。

7）执行"效果"→"图框精确剪裁"→"置于图文框内部"命令，将图片放置到T恤的圆圈内部，调整大小和位置，效果图如图2-159所示。

2. 幼儿园学生夏季服饰（女童）

1）单击工具箱中的"贝塞尔曲线" 按钮，沿着参考线的方向绘制T恤上衣和裙子，给衣服填充颜色（C59、M13、Y100、K0），效果图如图2-160所示。

2）花边衣领的绘制，可以采用"样条工具"按钮 绘制，如图2-161所示。原位复制花边衣领，执行"水平镜像"命令得到右边衣领，调整位置，效果图如图2-162所示。

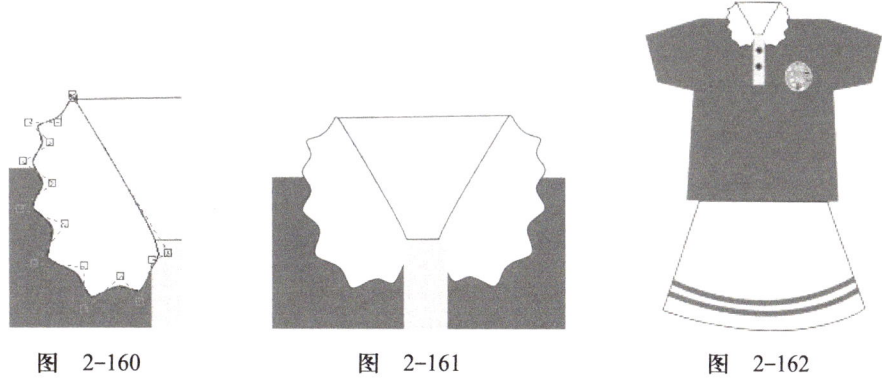

图 2-160   图 2-161   图 2-162

3. 幼儿园学生秋冬服饰

1）绘制上衣：单击工具箱中的"贝塞尔曲线" 按钮，沿着参考线的方向绘制秋装上衣和裙子，给衣服填充颜色（C59、M13、Y100、K0），效果图如图2-163所示。

2）制作拉链的效果：使用"矩形工具"绘制上衣的拉链，设置轮廓颜色为（C0、M0、Y0、K60），线条粗细为0.2mm。

3）制作袖口的褶皱效果：使用"2点线工具"绘制袖口的皱褶效果，设置轮廓颜色为（C0、M0、Y0、K60），线条粗细为0.75mm。

4）绘制裤子：单击工具箱中的"贝塞尔曲线"按钮 ，沿着参考线的方向绘制裤子形状，并填充颜色（C59、M13、Y100、K0），效果图如图2-164所示。

图 2-163   图 2-164

5）制作裤子裤头的皱褶效果：使用"矩形工具"绘制一个小矩形条，填充黄色。选中矩形条，执行菜单中的"编辑"→"步长和复制"命令，参数设置为：水平偏移距离为5mm，垂直偏移距离为0，份数为10。

4. 教职工制服（男）

1）设置好左右对称的参考线，如图2-165a所示。

2）使用贝塞尔等工具绘制衣服的轮廓，衣领填充颜色（C59、M13、Y100、K0），如图2-165b所示。

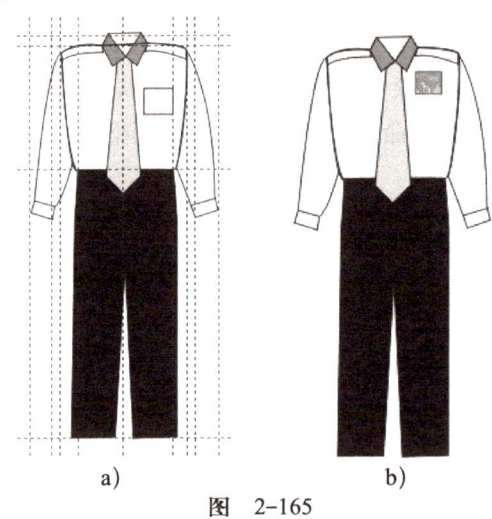

a)   b)

图 2-165

5. 教职工制服（女）

1）使用"贝塞尔工具"绘制套裙的外部轮廓，构成一个闭合的区域；填充颜色（C0、Y60、M100、K0）。

2）使用"贝塞尔工具"绘制套裙的衣领及上衣的线条，给线条描边，给套装的上衣描边，描边的线条粗细为0.5mm，颜色为（C0、Y0、M0、K60）。

3）使用"矩形工具"绘制左侧的口袋位置图形，然后使用"挑选工具"修饰边缘，将边缘位置与衣服边缘位置贴合，填充相应的颜色。

4）复制口袋，使用"水平镜像"，并移到右侧，使用右箭头键微调，将图形与衣服贴合，如图2-166所示。

图 2-166

6. 绘制领结等装饰图

新建一张空白页面，文档的宽度为50mm，高度为100mm。

（1）绘制花朵

1）在工具箱中选择"基本形状工具" ，在属性栏中单击如图2-167所示的心形，并填充黄色，轮廓颜色为橙色。

2）在菜单中执行"排列"→"变换"→"旋转"命令，弹出如图2-168所示的泊坞窗，再勾选"相对中心"复选框，"副本"为14，选择角度为"24"，单击"应用"按钮，得到如图2-169所示的效果图。

3）在中心位置绘制圆形，填充黄色，轮廓颜色为橙色，如图2-170所示。

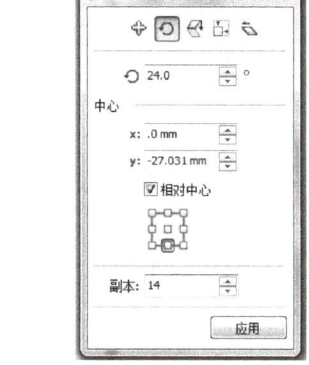

图 2-167　　　　图 2-168　　　　图 2-169　　　　图 2-170

4）选中所有心形，使用<Ctrl+G>组合键群组所有心形。

（2）绘制花朵2

1）使用"贝塞尔工具"绘制如图2-171a所示的图形，填充颜色及轮廓色。

2）选中图形，分别按<+>键复制3个副本，将其缩小并改变其填充色，效果如图2-171b所示。

3）选中这4个图形，使用<Ctrl+G>组合键群组选中的对象，如图2-171c所示。

4）在"变换"泊坞窗中将旋转中心移至右边，"副本"为5，选择角度为"60"，单击"应用"按钮，得到如图2-171d所示的效果图。

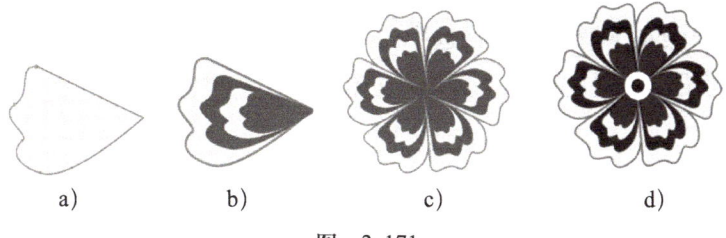

a)　　　　b)　　　　c)　　　　d)

图 2-171

（3）在页面上随意涂鸦其他图形

1）在页面上使用基本形状工具、箭头形状工具、流程图工具、标题形状工具、标志形状工具等在页面上涂鸦，效果如图2-172所示。

2）选中所有图形，在菜单中执行"位图"→"转换为位图"命令，保存文件。

7. 服饰应用于装饰图

将位图复制到教职工女装页面，并选中该图形，在菜单中执行"效果"→"图框精确剪裁"→"置于图文框内部"命令，在领结位置单击鼠标左键，效果如图2-173所示。

图 2-172   图 2-173

必备知识

1. 绘制线段及曲线

手绘工具

1）使用手绘工具绘制线条。

2）在工具箱中选择"手绘工具"，在绘图窗口中单击鼠标左键，作为直线的起点。将光标移动到合适的位置单击，即可完成直线的绘制，如图2-174所示。

3）如果需要绘制连续的折线，单击鼠标左键以确定直线的起点，然后在每个转折处双击鼠标左键，一直到终点再单击鼠标左键，即可快速完成折线的绘制，如图2-175所示。

4）如果需要绘制平滑的曲线，选中"手绘工具"直接在绘图区绘制曲线的轮廓，完成后松手即可得到平滑的曲线，如图2-176所示。

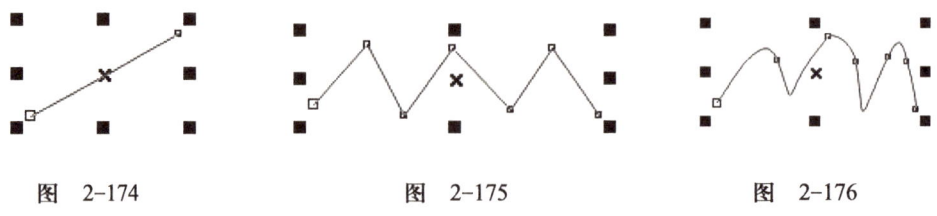

图 2-174   图 2-175   图 2-176

5）手绘工具除了可以绘制简单的直线外，还可以配合属性栏绘制出不同粗细、线型的直线或箭头符号，如图2-177所示。

6）使用手绘工具也可以绘制封闭的曲线图形，当曲线的终点回到起点位置时，单击鼠标左键，即可绘制出封闭图形，如图2-178所示。

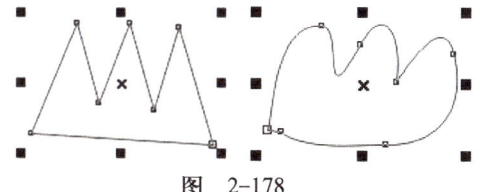

图 2-177 图 2-178

2．贝塞尔工具

使用贝塞尔工具用于绘制平滑、精确的曲线，通过改变节点和控制点的位置，可以控制曲线的弯曲度，绘制曲线以后，通过调整控制点，可以调节直线和曲线的形状。

锚点：锚点代表上一段曲线的结束节点和下一段线条的起始节点，它是控制曲线伸缩、旋转的中心。

控制点和控制线：控制点与控制线是同时进行变化的，通过改变控制线的长度与角度可以更改曲线的弯曲度和弯曲位置。

1）在工具箱中选择"贝赛尔曲线"选项，在绘图窗口中按下鼠标左键并拖动鼠标，确定起始节点（第一个锚点），此时该节点两边将出现两个控制点，连接控制点的是一条蓝色的控制线。

2）将光标移到适当的位置，按下鼠标左键并拖动，这时第2个锚点的控制线长度和角度都将随光标的移动而改变，同时曲线的弯曲度也发生变化，调整好曲线形态后，释放鼠标即可，如图2-179所示。

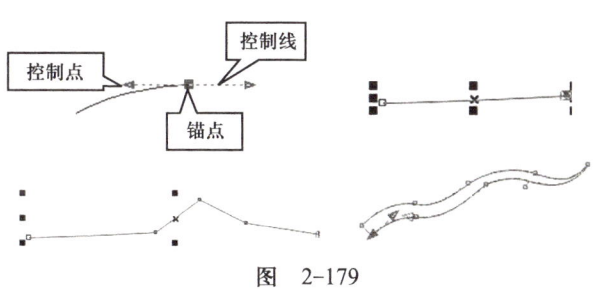

图 2-179

3．2点线工具

使用2点线工具，可以绘制逐条相连或与图形边缘相连的连接线，组合成需要的图形，常用于绘制流程图或结构示意图。

1）按住鼠标左键并拖动，释放鼠标后，则可绘制一条直线。

2）将光标放置在直线的一个端点上，在光标改变形状时按住并拖动鼠标绘制直线，可以使新绘制的直线与之相连，成为一个整体，如图2-180所示。

3）使用垂直2点线，用于绘制一条与现有线条或对象相垂直的直线，如图2-181所示。

4）使用相切的2点线，用于绘制一条与现有线条或对象相切的直线，如图2-182所示。

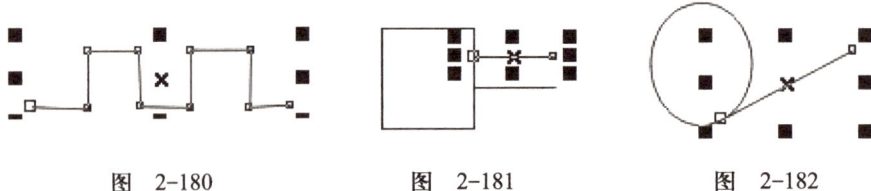

图 2-180　　　　　图 2-181　　　　　图 2-182

4. 3点曲线工具

1）使用3点曲线工具可以绘制出各种样式的弧线或者近似圆弧的曲线。

2）选择3点曲线工具，在起始点单击鼠标左键不放，向另一方向拖动鼠标，制定曲线的起点和终点的位置与间距。

3）松开鼠标后，移动光标来指定曲线弯曲的方向，在适当位置单击鼠标左键，即可完成曲线的绘制，如图2-183所示。

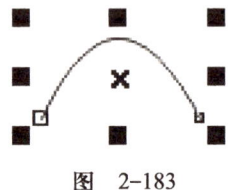

图 2-183

5. 折线工具

1）使用折线工具，可以方便地创建多个节点连接成的折线。

2）使用折线工具在绘图区依次单击鼠标左键，即可完成多点线的绘制，如图2-184所示。

3）使用折线工具按住左键拖动鼠标，即可沿鼠标轨迹绘制曲线，如图2-185所示。

4）按住<Ctrl>键或<Shift>键可以绘制15°倍数方向的线段，并转换为拖动鼠标绘制曲线，如图2-186所示。

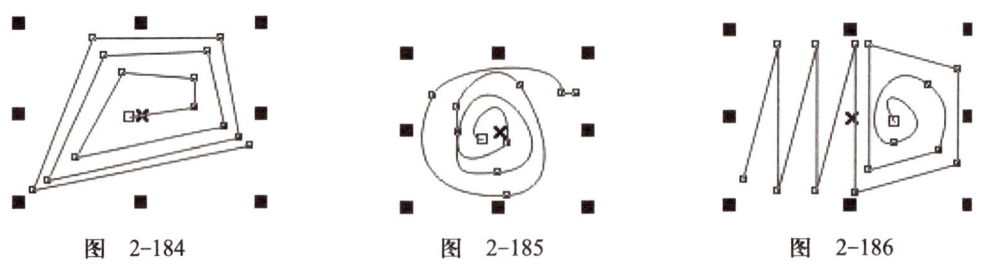

图 2-184　　　　　图 2-185　　　　　图 2-186

6. B样条工具

1）选中B样条工具，按住鼠标左键并拖动，绘制出曲线轨迹，在需要变向的位置单击鼠标左键，添加一个轮廓控制点，继续拖动即可改变曲线轨迹。

2）绘制过程中双击鼠标左键，可以完成曲线绘制，将鼠标指针移到起始位置并单击，可以闭合曲线。

3）需要调整其形状时，可以使用形状工具调整外围的控制轮廓，即可轻松调整曲线或闭合图形的形状，如图2-187所示。

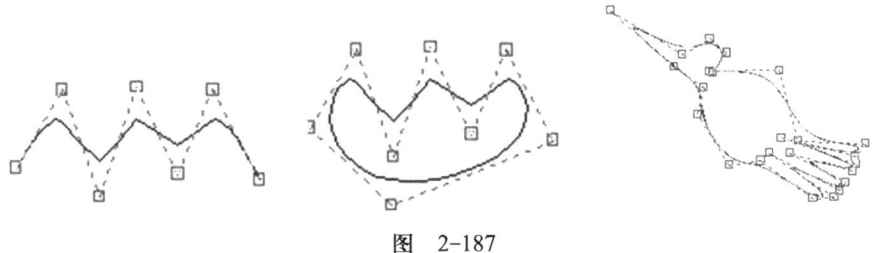

图　2-187

7. 图框精确剪裁对象

"图框精确裁剪"命令可以将对象置入到目标对象的内部，使对象按目标对象的外形进行精确裁剪。

（1）将所选对象放置在容器中

1）选中基本形状工具，在属性栏的"完美形状"下拉列表中选择合适的形状，然后将该形状绘制出来。

2）执行"文件"→"导入"命令导入一个图形素材。

 经验提示

导入图片素材可使用<Ctrl+I>组合键

3）保持导入对象的选中状态，执行"效果"→"图框精确裁剪"→"置于图文框内部"命令，这时光标变为黑色粗箭头状态，单击上一步的图形，即可将所选对象置于该图形中，如图2-188所示。

图　2-188

（2）从图框精确裁剪对象中提取内容

使用"提取内容"命令用于提取嵌套图框精确剪裁中每一级的内容。

1）执行"效果"→"图框精确剪裁"→"提取内容"命令，即可将置入到容器中的对象从容器中提取出来。

2）或者在单击图框后，在图框下面出现的功能按钮上单击"提取内容"按钮，也可以将置入到容器中的对象从容器中提取出来。

（3）在图框精确剪裁对象中编辑内容

将对象精确裁剪后，还可以进入容器内部，对容器内的对象进行缩放、旋转或位置等的调整。

1）选中图框精确剪裁对象，执行"效果"→"图框精确剪裁"→"编辑内容"命令，进入容器内部后，目标对象以轮廓的形式显示，这时可以根据需要对容器内的对象进行相应的编辑，如图2-189所示。

图　2-189

2）或者在单击图框后，在图框下面出现的功能按钮上单击"编辑内容"按钮，这时可以根据需要对容器内的对象进行相应编辑。

任务拓展

知识要点：运用贝塞尔、钢笔等线条工具绘制图形，形状工具、选择工具进行图形编辑和变换，填充和描边工具进行填色，制作如图2-190～图2-192所示的服装作品。

图　2-190　　　　　　　　　图　2-191

图　2-192

▶▶▶ 任务5　设计吉祥物

任务分析

通过对幼儿园标识、色彩、环境等系统要素的归纳、分析、总结，以及与客户初步的意见探讨，金狮幼儿园吉祥物应将金狮的教学方式、分享教育融入到设计中，有特色地体现办园的理念，将表现形式定位为"以图形类为主"。吉祥物设计以两个小狮子的形象拟人化，突出"朋友"的概念在儿童心中的地位。

吉祥物制作主要用到了椭圆工具、形状工具、文字工具以及对应的属性编辑命令、图形的重新组合。要求学生能够熟练使用对应的工具完成吉祥物的制作，并能举一反三地应用。

吉祥物设计草图如图2-193所示。

图　2-193

任务实施

启动CorelDRAW X6软件，执行"文件"→"新建"命令，或者按<Ctrl+N>组合键，在打开的"创建新文档"对话框中单击"确定"按钮，新建一个图形文件。新建的页面默认为A4大小。

1. 绘制狮子的头部

1）选择"椭圆工具"按钮○，按住<Ctrl>键，在页面中绘制一个大一点的正圆，沿着大正圆的边上的轮廓绘制若干个小圆，效果如图2-194所示。

2）使用"选择工具"选中所有小圆和大圆，执行属性面板上的"焊接"按钮，效果如图2-195所示。

3）选中合并后的图形，给图形填充颜色（C20、M0、Y91、K0），右击调色板上部的按钮⊠，取消轮廓线，效果如图2-196所示。

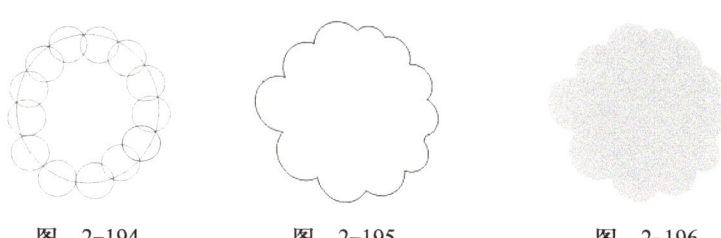

图　2-194　　　　图　2-195　　　　图　2-196

2. 绘制狮子的眼睛

1）选择"椭圆工具"命令按钮○，按住<Ctrl>键，在页面上绘制正圆，按键盘右侧数字区中的<+>键，在原位置复制同等大小的正圆，多次按键盘上的向下箭头键，使两圆的位置错开。

2）使用"选择工具"选中两个圆，单击属性面板上的"移除前面对象"按钮。

最终效果如图2-197所示。

3）单击调色面板填充黑色，复制眼睛图形，并移到合适的位置，效果如图2-198所示。

图　2-197　　　　　　　　　　　　　图　2-198

3. 绘制狮子的鼻子嘴巴

1）绘制如图2-199所示的两个正圆，使用"选择工具"选中两个圆，单击属性面板上的"焊接"按钮；绘制长方形，选中长方形和两个圆，单击属性面板上的"移除前面对象"按钮，填充白色，取消轮廓线。

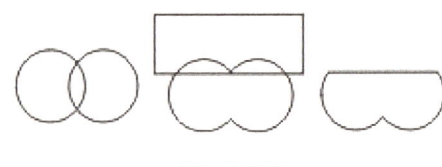

图　2-199

2）使用"选择工具"选择图形，鼠标左键单击图形，切换至旋转模式，稍微旋转一下角度。

3）绘制如图2-200所示的圆形，选中两个圆，单击属性面板上的"焊接"按钮，在该图形下方绘制一圆形，选中这两个图形，单击属性面板上的"相交"按钮，移出该图形，填充黑色。

4）使用绘制鼻子的方法，绘制嘴巴，最终效果图如图2-201所示。

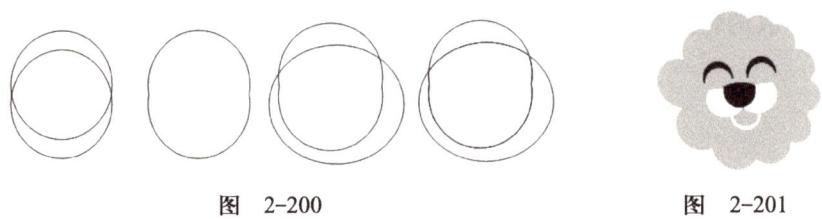

图　2-200　　　　　　　　　　　　　图　2-201

4. 绘制狮子的身体

1）使用椭圆工具绘制如图2-202所示的图形。

图　2-202

2）使用"形状工具" 选中第一个圆，单击属性面板上的"转换为曲线"按钮 ◌ ，参考图2-203调整曲线的手柄。

3）使用"形状工具" 选中第四个圆，单击属性面板上的"转换为曲线"按钮 ◌ ，参考图2-204调整曲线的手柄。

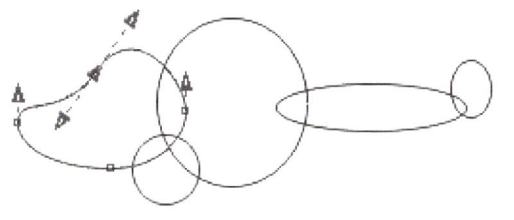

图　2-203　　　　　　　　　　图　2-204

4）使用"形状工具" 选中第五个圆，单击属性面板上的"转换为曲线"按钮 ◌ ，参考图2-205调整曲线的手柄。

5）选中五个圆形，执行"焊接"命令，填充颜色（C59、M13、Y100、K0），取消轮廓线，效果图如图2-206所示。

图　2-205　　　　　　　图　2-206

 经验提示

　　也可以将图形进行"合并"后，再进行调整曲线得到所想要的图形。

5. 绘制左边的狮子

1）使用椭圆工具绘制如图2-207所示的椭圆组。

2）选中所有圆，单击属性面板上的"焊接"按钮 ⌐，使用"形状工具" 选中图形，并对图形曲线进行调整，效果如图2-208所示。头部填充颜色（C20、M0、Y91、K0），下半身填充颜色（C59、M13、Y100、K0），取消轮廓线，如图2-209所示。

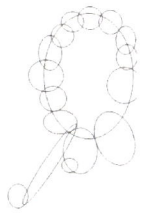 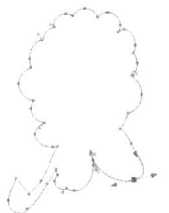

图　2-207　　　　　　　图　2-208

3）使用"折线工具"△绘制头上的蝴蝶结，如图2-210所示。

4）绘制其他部分，最终效果图如图2-211所示。

图 2-209 　　　 图 2-210

图 2-211

必备知识

1. 整形图形

"排列"→"造型"菜单中是改变对象形状的功能命令，同时在属性栏中还提供了与造型命令相对应的功能按钮。

（1）合并图形

使用合并功能可以合并多个单一对象或组合的多个图形对象，还能合并单独的线条，但不能合并段落文本和位图图像。它可以将多个对象结合在一起，以此创建具有单一轮廓的独立对象。新对象将沿用目标对象的填充和轮廓属性，所有对象之间的重叠线都将消失。

方法1：使用选择工具选定所有需要合并的图形，执行"排列"→"造型"→"合并"命令，或者单击属性栏中的"合并"按钮┗即可，效果如图2-212所示。

提示：使用鼠标框选的方式选择对象进行合并时，合并后的对象属性与所选对象中位于最下层的对象属性保持一致，如图2-213所示。如果使用选择工具并按<Shift>键加选的方式选择对象，则合并后的对象属性与最后选取的对象保持一致，效果如图2-214所示。

图 2-212 　　　 图 2-213 　　　 图 2-214

方法2：选择用于合并的对象，执行"窗口"→"泊坞窗"→"造型"命令，开启"造型"泊坞窗，在泊坞窗顶部的下拉列表中选择"焊接"选项，如图2-215所示。

1）比如两项复选框都不选，单击"焊接到"按钮，然后单击绿色心形，源对象不保留。

2）选中"保留原始源对象"复选框，单击"焊接到"按钮，然后单击绿色心形，保留源对象同时焊接一组新图形。

3）选中"保留原目标对象"复选框，单击"焊接到"按钮，然后单击绿色心形，保留目标对象同时焊接一组新图形。

4）两项复选框都选中，单击"焊接到"按钮，然后单击绿色心形。

图 2-215

提示："造型"泊坞窗还可以进行"修剪""相交""简化""移除后面对象""移除前面对象"等操作，操作方法与"合并"功能相似，因此其他功能不做相应泊坞窗的介绍。

（2）修剪图形

使用修剪命令，可以从目标对象上减掉与其他对象之间重叠的部分，目标对象仍保留原有的填充和轮廓属性。

方法：选择需要修剪的对象，执行"排列"→"造型"→"修剪"命令或单击属性栏中的"修剪"按钮，得到的效果是下面图层的对象被上面图层的对象裁剪，如图2-216所示。

提示：对换两个图形对象的层次，修剪图形后如图2-217所示。

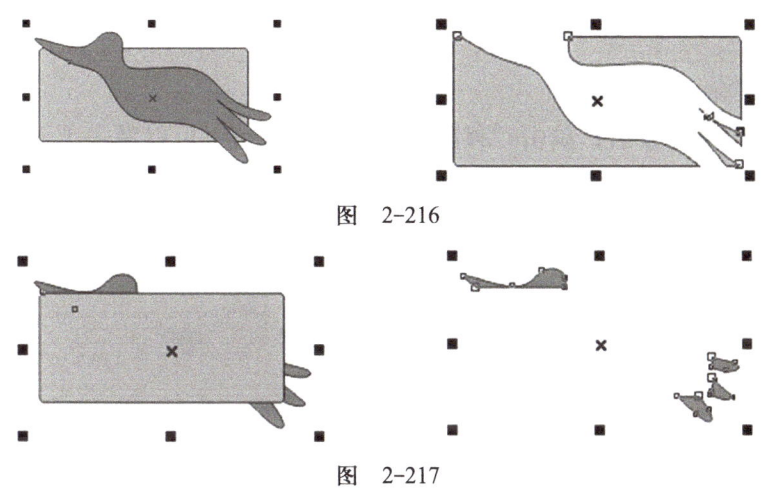

图 2-216

图 2-217

（3）相交图形

使用相交命令，可以得到两个或多个对象重叠的交集部分。

方法：选择需要相交的图形对象，执行"排列"→"造型"→"相交"命令或单击属性栏中的"相交"按钮，即可在这两个图形对象的重叠处创建一个新的对象，新对象以目标对象的填充和轮廓属性为准，如图2-218所示。

图 2-218

（4）简化图形

使用简化命令可以减去两个或多个重叠对象的交集部分，并保留原始对象。

方法：选择需要简化的对象后，单击属性栏中的"简化"按钮，效果如图2-219所示。

图 2-219

（5）移除后面对象图形

选择所有图形对象后，单击"移除后面对象"按钮，不仅可以减去最上层对象下的所有图形对象（包括重叠与不重叠的图形部分），还能减去下层对象与上层对象的重叠部分，而只保留最上层对象中剩余的部分，如图2-220所示。

图 2-220

（6）移除前面对象图形

选择所有图形对象后，单击"移除前面对象"按钮，可以减去上面图层中所有的图形对象，以及上层对象与下层对象的重叠部分，而只保留最下层对象中剩余的部分，如图2-221所示。

图 2-221

（7）创建边界

对象的"创建边界"功能与"合并功能"相似。不同的是创建边界后将在原有对象上形成一个新的对象，新对象没有填充属性和轮廓属性，轮廓将应用默认值。

方法：选择需要的图形对象，在属性栏中单击"创建边界"按钮 🔲 即可，如图2-222。

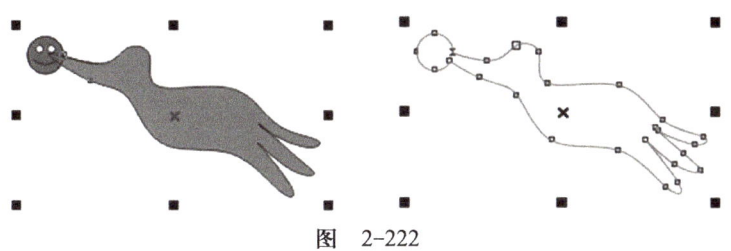

图　2-222

2. 艺术笔工具

使用艺术笔工具可以一次性创造出系统提供的各种图案、笔触效果。

艺术笔工具属性栏中分为预设、画笔、喷涂、书法和压力5种样式，通过属性栏参数的设置，可以绘制喷涂列表中的各种图形，还可以对绘图的封闭图形进行色彩上的调整。

1）预设：选择"艺术笔工具"后，在属性栏中默认选择"预设"按钮。参数如下。

① 手绘平滑：设置线条的平滑度。

② 笔触宽度：设置笔触的宽度。

③ 笔触列表：在其下拉列表中可以选择线条提供的笔触样式。

④ 随对象一起缩放笔触：单击该按钮后缩放绘制的笔触，笔触线条宽度随缩放而改变。

⑤ 使用"艺术笔工具"在页面上涂画，得到如图2-223所示的效果。

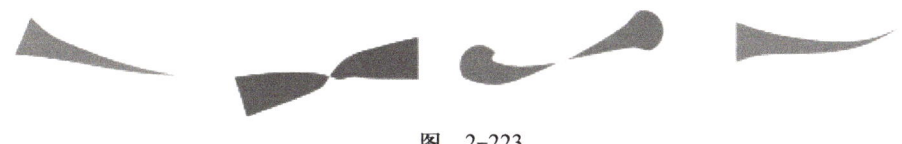

图　2-223

2）画笔：包括带箭头的笔刷、填满了色谱图样的笔刷等。

① 画笔参数，如图2-224所示。

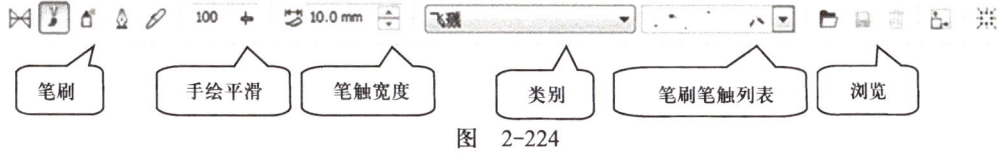

图　2-224

② 选择不同类别的画笔涂鸦，如图2-225所示。

图 2-225

提示：创建自定义画笔笔触，选择要保存为画笔笔触的图形对象，如图2-226所示；选择"艺术笔工具"属性栏中的"笔刷"按钮，单击属性栏上的"保存艺术笔触"，在弹出的对话框中输入笔触名称，单击"保存"按钮，即可将图形保存在"自定义"类别的笔刷列表中，如图2-227所示。

图 2-226   图 2-227

3）喷涂：使用喷涂笔触，可以在线条上喷涂一系列对象。除了图形和文本对象外，还可以导入位图和符号来沿着线条喷涂，也可以自行创建喷涂列表文件，方法与画笔笔触的创建方法相同。

① 喷涂参数如图2-228所示。

图 2-228

② 选择不同类别的画笔喷涂，如图2-229所示。

图 2-229

任务拓展

知识要点：运用各种形状、线条工具绘制图形，使用合并、相交、移除等命令调整、修剪图形，制作如图2-230～图2-233所示的吉祥物。

图 2-230   图 2-231   图 2-232   图 2-233

▶▶▶ 项目评价

整个评价分为项目设计阶段、项目制作阶段、成果展示阶段。将评价学生在整个项目学习过程中的学习态度、团队合作能力、行业知识熟悉能力、语言沟通能力、软件使用和再学习能力等，具体操作见表2-1。

表2-1　金狮幼儿园VI设计项目评价

项目名称		金狮幼儿园VI设计			
评价项目		具体内容	评分		
			小组评价	自评	教师协调
设计阶段	情感态度	配合老师分组活动			
		是否大胆发表个人想法			
		积极参与项目构思			
		主动查阅相关行业资料			
	合作交流	主动与同学沟通和讨论			
		认真倾听同学的意见和观点			
		对小组的工作做出贡献			
		沟通过程中语言表达准确			
	知识学习	VI知识的掌握			
		VI设计相关内容			
		VI设计流程			
	实践活动	我负责： 是否做好自己的工作			
制作阶段	软件使用能力	几何工具使用能力			
		曲线工具使用能力			
		颜色和填充功能使用能力			
		文字工具基本使用能力			
		复杂图形编辑能力			
		对象基本编辑和处理能力			
	任务完成能力	任务1　设计金狮幼儿园Logo			
		任务2　设计信封和卡片			
		任务3　设计表扬旗和宣传栏			
		任务4　设计校服			
		任务5　设计吉祥物			
成果展示		将制作结果以（　）的方式呈现。效果如何			
我的收获是		回头看看，我的感想			

▶▶▶ 实战强化

实战要求

为"51游乐网"进行VI设计,内容包括:

1)企业Logo设计。

2)经理名片、工作卡、邀请函、信封、信纸设计。

3)普通员工服饰(男、女)设计。

4)吉祥物设计。

设计描述

1. 企业介绍

游乐旅行网是一家旅游私营企业。

公司主要经营出境游批发,零售、邮轮、定制游、特自由等旅游相关业务。游乐旅行网自成立以来在出境游市场上一直保持领先优势,作为有实力的出境游运营商,游乐旅行发挥多年行业积累优势,已横向整合境外游必需的酒店、签证、邮轮、机票、境外接待服务等重要资源,产品覆盖全球主要出境游目的地。

未来游乐旅行将针对不同的客户需求定制更精准行程、更贴心的服务。为广大旅游爱好者、企业团队等客户提供更便捷、更专业的产品,成为出境游市场上的佼佼者,为中国旅游行业做出贡献。

公司旗下游乐旅行网作为专业的旅行服务电子商务网站,秉承"高品质、优服务、勤创新"的经营思想,以现代化信息技术和线下实体营销相结合的业务模式为核心,全力打造顶级的旅游顾问团队,为消费者提供出境游、自由行、团队游、特自由、酒店预订、机票预订、签证等一站式全方位专属旅程服务。

游乐旅行网提供出境游特色行程,主要目的地包括中东非洲、马尔代夫、塞舌尔等海岛旅游。更有批量欧洲、澳新旅游产品。带领客户领略不一样的文化气息,其透明的价格,高品质的服务,将带给客户全新的旅程。

2. 设计分析

(1)标志系统分析

通过团体合作,分组进行以下步骤:

1)小组讨论,通过品牌理念的解读确定标志设计的颜色、关键词。

2)设计调查问卷,发送给不同职业、年龄的人群,通过对结果的分析确定标志应采用哪种表现形式。

3)小组分工,搜索同行业案例,对它们进行分析确定标志的独特性。

4）对以上分析进行总结归纳最终确定标志。

（2）应用系统的分工合作完成

 **小结**

VI设计是企业树立品牌必须做的基础工作，它使企业的形象高度统一，使企业的视觉传播资源充分利用，达到最理想的品牌传播效果。本单元主要介绍了企业VI的相关基础知识，包括企业VI的分类、设计原则和应用，并用5个实例任务和任务拓展来学习VI的制作方法和技巧，重点掌握CorelDRAW X6基本绘图工具、对象的编辑、交互式工具等功能的应用。由于篇幅有限，不可能将VI讲解得面面俱到，读者需要在实际工作中积累更多的经验，才能设计出成功的VI作品。

项目3 设计插画

▶▶▶ 项目概述

插画分为文学插画和商业插画。商业插画为企业产品传递商品信息，是集艺术与商业一体的一种图像表现形式。商业插画与数字技术的联姻使得前者无论是在探求表现技法的多样性，还是展示更加独特的艺术魅力方面，都更具有表现力。商业插画是个很有前景的行业，它被广泛地运用于广告、商品包装、报纸、书籍装帧、环艺空间、计算机网络等领域，各媒体对插画的需求量非常庞大。

商业插画有4个组成部分：广告商业插画、卡通吉祥物插画、出版物插画、影视游戏类插画。本项目主要介绍运用CorelDRAW X6软件进行插画设计与制作等。

▶▶▶ 学习目标

知识目标：学会三点工具、贝塞尔工具、填充工具的使用，通过案例学习，在工具掌握熟练后能独立完成插画作品绘制。

技能目标：掌握应用曲线工具绘制图形的操作方法，熟练应用曲线绘制工具设置属性。

情感目标：通过学习实例绘制过程，增长学生对插画的认识，并且能够熟练掌握命令结合自己的创意进行设计。

▶▶▶ 项目描述

本项目分为3个任务进行讲述，分别是卡通插画、书籍插画、商业插画，这3个任务在插画领域中运用广泛。

1. 插画类型

通过跟客户的沟通、对市场的调研以及对同行业案例的分析，把插画分为以下4大方向：

1）卡通吉祥物插画。

2）广告商业插画。

3）出版物插画。

4）影视游戏类插画。

如图3-1所示。

图　3-1

2. 插画的实用性和制约性

插画的需求方可能是企业、个人或出版机构等。他们会有各自的出版思路和经济预算等。例如，教育类的出版社对画风的要求一般比较规范，特别夸张的造型会引起审批时的争议。如以儿童节为主题的插画，往往从童年喜欢的卡通形象出发，将设计理念融入设计形象中，会更加吸引这个年龄段消费者的目光。如图3-2和图3-3所示。

图 3-2　　　　　　　　　　　　　　　　图 3-3

3. 插画的审美性和趣味性

一幅完整的商业插画，除了说文解字之外，还要给人以美的享受从而产生意识上的共鸣进而达到精神上的共鸣，以加强插画的感染力。趣味性作为审美性和实用性的补充，可以使枯燥的文字因为有了形象更加生动而活泼。

因此，对形象的设计要求是活泼、富有生命力、富有创意并被大众所接受。

根据以上分析，我们向客户提供的只是初步分析的方向和解决问题的几种方案，而最终目的是以研究国内外成功形象为前提，提炼出有价值的信息，以结合本案例创作出真正适合项目本质需求的插画形象设计。

 **行业应用**

商业类插图常涉及的领域

单行本、报刊杂志中的插图——单行本和报刊杂志的插图与文字搭配，用图文并茂的形式增强出版物的趣味性与知识性，插图的使用对把握文字视觉疏密和阅读节奏起着重要作用。

宣传品广告中的插图——宣传广告主要包括招贴广告、牌匾灯箱广告、年报样本及宣传册等广告媒体形式。插图在这些媒介中的应用，对强化宣传企业品牌形象、提高宣传品的设计美感等方面有着不可替代的作用。

商品包装中的插图——不仅仅是简单的广告宣传和视觉美化，同时也起着介绍产品各类信息的功能。通过视觉形象营造商品的品牌形象，为产品的宣传和推广服务。

网络中的插图——插图在网络中分为静态和动态，与文字、声音等元素一起营造一个具有艺术美感的网络页面，使网络传播更有趣味，更能吸引受众。

影视媒体中的插图——主要表现为为影视作品中做静态插图或动画创作，对影视镜头画面的把握和脚本绘制。影视作品中每一个镜头包含不同的构图色彩，插图在这些分镜头中的优劣往往都会直接或间接地影响着影视作品的视觉效果。

▶▶▶ 任务1　设计卡通插画

任务分析

本任务主要结合绘图工具和文字工具的输入和编辑等命令，综合训练CorelDRAW X6中对文字输入和编辑的理解和运用。当前出版物插图的流行风格表现如下：

1）色彩鲜艳、色调鲜明的插图普遍受到消费者欢迎，有着很好的市场价值。

2）追求大场景和视觉冲击力强的效果。

3）插画成为一种独立的绘画艺术广泛应用于网络、商业广告和彰显个性的出版领域，如个人网站、手绘本和产品包装等。

研究插图与出版物之间的相互作用，是为了了解什么类型和风格的插图与什么主题和风格的出版物搭配使用能够产生最大的效果。卡通插画如图3-4所示。

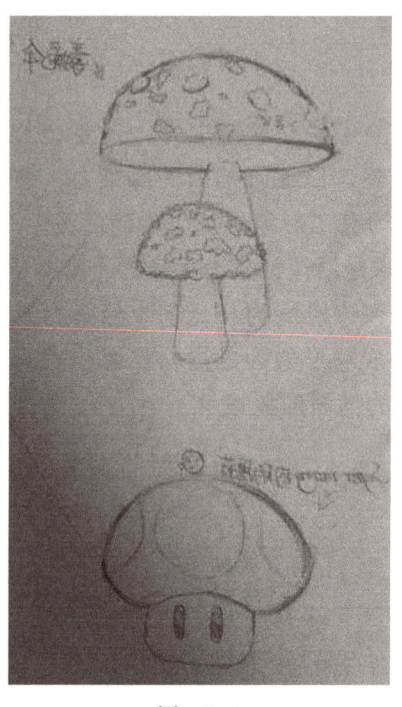

图　3-4

任务实施

启动CorelDRAW X6应用程序，在弹出的"快速启动"对话框中单击"新建空白文档"图标　，新建一个高230mm，宽400mm的空白文件。

1. 绘制卡通形象头部

1）选择工具箱上的"钢笔工具"，在窗口中绘制好线条，选择工具箱中的"形状工具"，框选所有的节点，单击属性栏上的"曲线按钮"，对直线进行曲线调整，调整后的曲线如图3-5所示。选择工具栏中的"选择工具"，在调色板中挑选颜色为朱红（C:4、M:98、Y:100、K:0），并单击鼠标右键填充线条颜色，如图3-6所示。

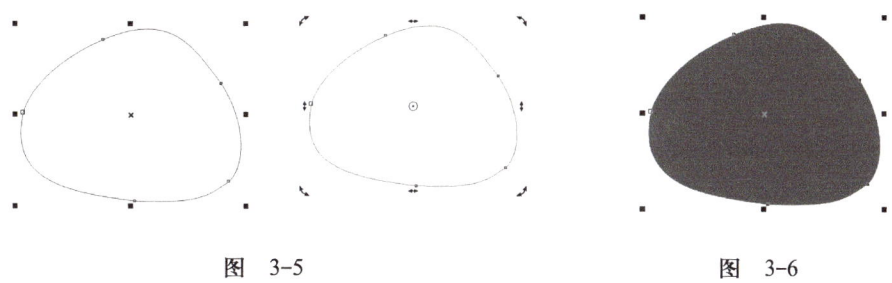

图 3-5   图 3-6

基本知识

如果需要填充的是调色板中的颜色，选中对象后，单击鼠标左键调整调色板中的颜色即可，按住左键1s以上，可弹出选中颜色相近色块。

2）选择工具箱上的"钢笔工具"绘制如图3-7所示的曲线，选择工具箱中的"形状工具"，框选所有的节点，单击属性栏上的"曲线按钮"，对直线进行曲线调整。选择工具栏中的"选择工具"，在调色板中挑选颜色为（C:0、M:15、Y:65、K:0），效果如图3-8所示。

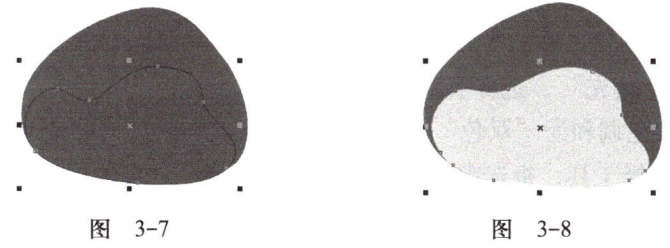

图 3-7   图 3-8

3）继续使用"钢笔工具"绘制蘑菇头上光影变化部分，如图3-9～图3-16所示。

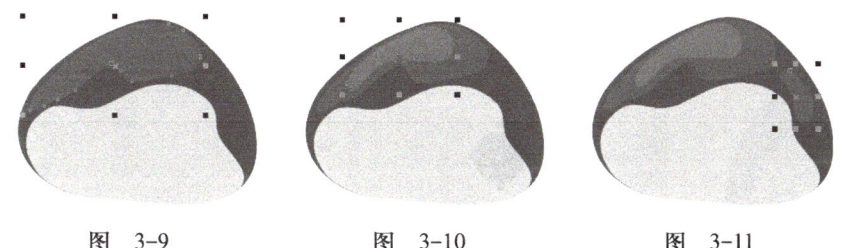

图 3-9   图 3-10   图 3-11

4）单击黄色部分图形，进行复制，在复制完成后，用鼠标点中图形，按住<Shift>键进行同心缩放，更改图形颜色为（C:0、M:29、Y:71、K:0），如图3-13所示。

5）单击工具栏中的"交互式调和工具"，当把鼠标放在图3-13所示位置时，鼠标出现 ⬚，此时沿着箭头方向，从深色到浅色拖动鼠标右键。然后在属性栏中更改"调和对象"为"1" ⬚1 ⬚。效果如图3-14所示。

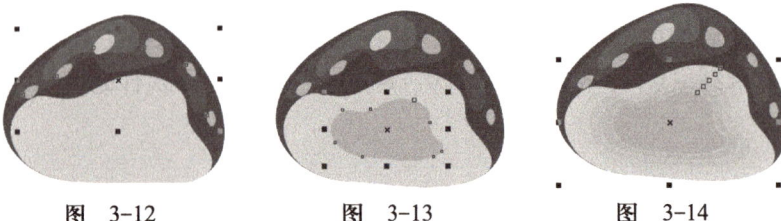

图 3-12   图 3-13   图 3-14

2. 绘制卡通形象脸部

1）绘制卡通形象身体，继续使用"钢笔工具"绘制出卡通形象的身体，填充颜色为（C:1、M:5、Y:5、K:0），如图3-15和图3-16所示。

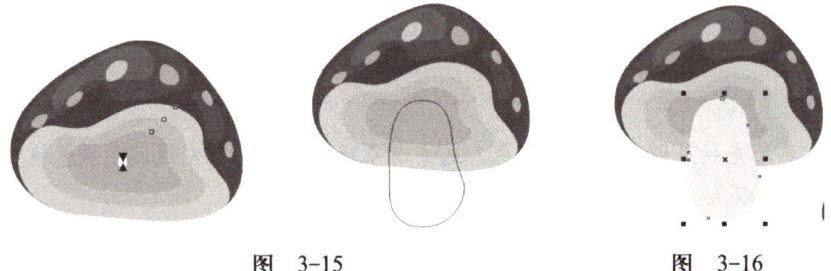

图 3-15   图 3-16

> **经验提示**
>
> 如果绘制好矩形后，转变为曲线对象，则不能再对其边角进行圆角变化。

2）绘制眼睛，如图3-17所示。使用工具栏中的"椭圆形工具" ⬚，绘制一个椭圆，并填充颜色为白色，然后复制并按住<Shift>键同心缩放，如图3-18所示。选择填充工具 ⬚ 中的"渐变填充"，选择类型为"辐射"，水平为"-21"，垂直为"17"，边界为"25%"，颜色调和为"双色"，从"黑色"到"白色"，中点为"7"，如图3-19所示。然后使用选择工具，框选眼珠部分进行复制，最终效果如图3-20所示。

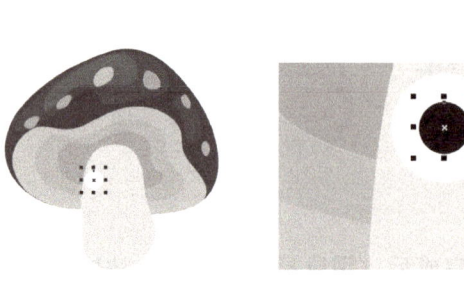

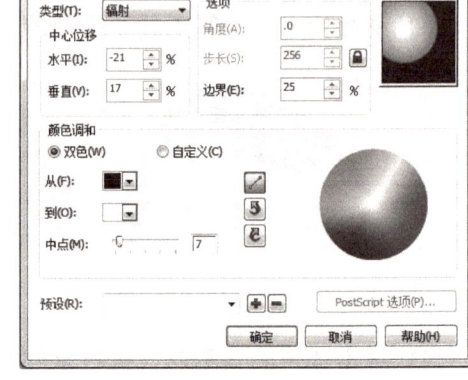

图 3-17   图 3-18   图 3-19

3）绘制五官其他部位。同样使用"椭圆工具"绘制出眼睛、鼻子和嘴部，并分别填充黑色和白色。效果如图3-21所示。

 经验提示

如果不想让绘制好的图形影响接下来的操作，可选中图形并单击鼠标右键，在弹出的快捷菜单中选择"锁定对象"选项，则将此对象锁住，需要再对其操作时，按同样的操作选择"解锁对象"选项即可。

4）使用椭圆形工具绘制卡通形象的腮红和嘴巴部分，颜色为（C:0、M:40、Y:20、K:0），如图3-22所示。

图 3-20　　　　　　　图 3-21　　　　　　　图 3-22

3. 绘制卡通形象身体部分

1）绘制手，使用"钢笔工具"绘制胳膊形状的闭合曲线，填充颜色为（C:69、M:80、Y:100、K:58），如图3-23所示。

图 3-23

2）使用"钢笔工具"绘制手掌形状的闭合曲线，执行工具栏中的"填充工具"→"图样填充"命令，选择"双色"，单击下来菜单选择"红桃心形图样"，设置"前部"颜色为（C:0、M:60、Y:80、K:0），"后部"为（C:0、M:20、Y:100、K:0），"宽度"为"10.0mm"，"高度"为"10.0mm"，"旋转"角度为"37°"，单击"确定"按钮，如图3-24所示。填充后手掌的效果如图3-25所示。然后使用选择工具，单击鼠标右键，将手肘和手掌部分进行群组，群组后选择"选择工具"手的部分进行复制，单击属性栏中的"水平镜像"按钮进行镜像移动，如图3-26所示。

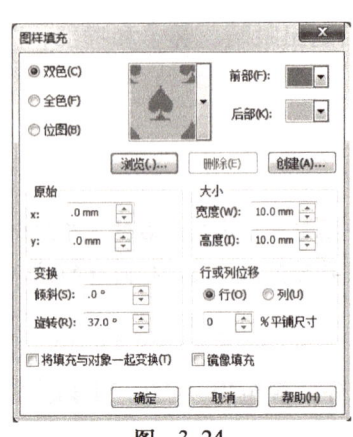

图 3-24　　　　　　　　　图 3-25　　　　　图 3-26

3）绘制卡通腿部，利用"钢笔工具" 绘制腿部线条，选择工具箱中的"形状工具" 选择的节点，单击属性栏上的"曲线"按钮 ，对直线进行曲线调整。选中绘制好的腿部闭合曲线，进行均匀填充（C:63、M:79、Y:100、K:48），如图3-27所示。

4）使用钢笔工具 绘制完成足部，并进行渐变填充，选择类型为"辐射"，水平为"32"，垂直为"-23"，边界为"25%"，颜色调和为"双色"，从颜色为（C:86、M:86、Y:0、K:0）到"白色"渐变，中点为"77"，如图3-28所示。而另一只脚"水平"为"-21"，"垂直"为"0"，"边界"为"15%"，颜色调和为"双色"，从颜色为（C:86、M:86、Y:0、K:0）到"白色"渐变，中点为"64"，效果如图3-29所示。

图 3-27　　　　　图 3-28　　　　　图 3-29

5）绘制阴影，使用"选择工具" 对所有绘制好的图形进行框选，并单击鼠标右键进行"群组"，如图3-30所示。群组后，选择工具栏中的阴影工具 ，当鼠标呈现出 时单击鼠标右键，对图形进行拖动，在属性栏中设置如图3-31所示。效果如图3-32所示。

图 3-30　　　　　　　　　　　　　　　图 3-31

图 3-32

6）最后打开素材文件，插入一张场景图片，如图3-33所示。

图 3-33

必备知识

图案填充

在"填充图案"对话框中，CorelDRAW X6为用户提供了双色、全色和位图3种图案填充模式，每种模式都有不同的花纹和样式供用户选择。"填充图案"对话框中各选项的含义如下。

1）"双色"填充："双色"填充实际上就是为简单的图案设置不同的前景色和背景色形成的填充效果，可以通过对"前部"和"后部"的颜色进行设置，来修改图案的前景色和背景色。CorelDRAW X6提供了44种矢量图案样式进行填充。

2）"位图"填充：使用"位图"填充，可以用CorelDRAW X6所准备的60种精美位图样式填充对象。

3）"装入"按钮：单击此按钮，可以载入已有的图案。

4）"创建"按钮：单击此按钮，可以在打开的"双色图案编辑器"对话框中单击鼠标左键绘制图案。

5）"大小"选项栏：用来设置平铺图案的尺寸大小。

6）"变换"选项栏：用来使图案产生倾斜及旋转变化。

7）"行或列位移"选项栏：用来使填充图案的行或列产生位移。

任务拓展

要求：根据提供的效果图，运用"钢笔工具"绘图，"挑选工具""选择工具"调整曲线，"填充工具"填充图案和颜色，完成如图3-34所示的插画形象作品。

图3-34　练习1

▶▶▶ 任务2　设计出版物插画

任务分析

本任务主要结合绘图工具和文字工具的输入和编辑等命令，综合训练CorelDRAW X6中对文字输入和编辑的理解和运用。

研究插图与出版物之间的相互作用可以让学生了解什么类型和风格的插图与什么主题和风格的出版物搭配使用能够产生最大的效果。

草图设计如图3-35所示。

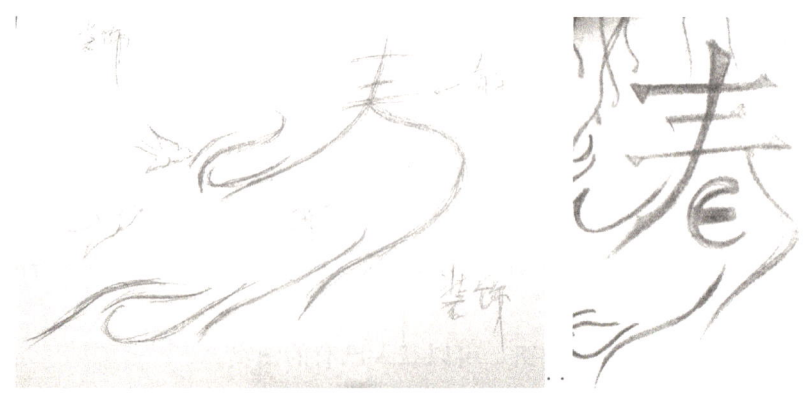

图　3-35

任务实施

启动CorelDRAW X6，执行"文件"→"新建"命令（或者按<Ctrl+N>组合键），在打开的"创建新文档"对话框中单击"确定"按钮，新建一个图形文件。新建的页面默认为A4大小，并均匀填充，颜色如图3-36所示。

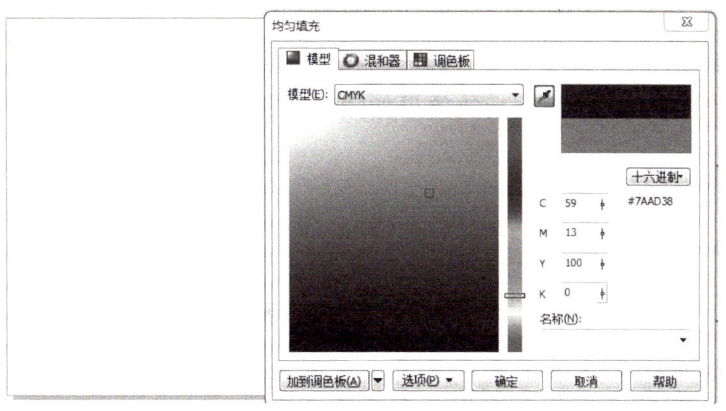

图　3-36

1. 绘制文字轮廓

1）按<Ctrl+O>组合键，打开本书配套资源包中"/ch3/素材/背景.jpg"的素材文件夹中的背景素材。如图3-37所示。

2）在工具箱中单击"文字"工具按钮，输入文字"春"，如图3-38所示。再选择"填充"工具，进行参数设置，如图3-39所示。

图　3-37

图　3-38

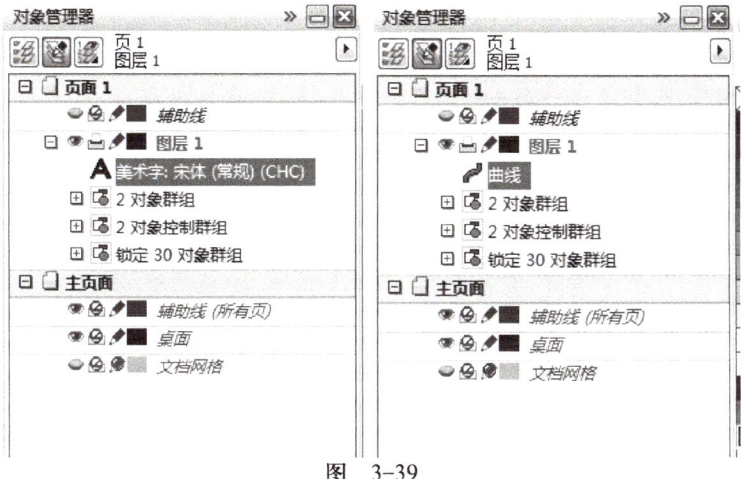

图　3-39

3）执行菜单中的"窗口"→"泊坞窗"→"对象管理器"命令，使用"挑选"工具，选中"春"字，执行菜单中的"排列"→"转换为曲线"命令，该美术字文本变为曲线。

4）执行菜单中的"排列"→"拆分曲线"命令（或者按<Ctrl+K>组合键），此时该曲线被拆分为4个曲线。拆分后的效果如图3-40所示。

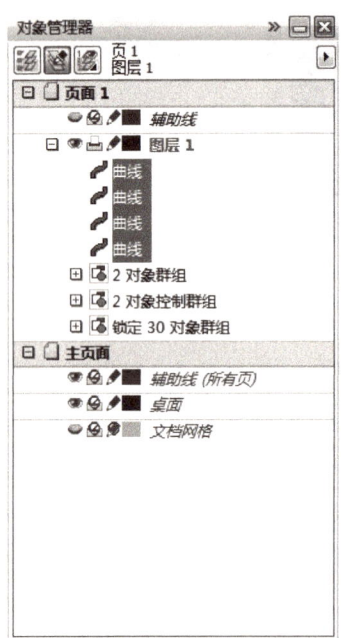

图 3-40

5）使用"挑选"工具选择曲线下方的"口"形图形，并按<Delete>键，效果如图3-41所示。

6）使用"形状"工具选择剩下的曲线（或按<F10>键），用鼠标左键在图形"春"字"捺"上的6个节点上分别双击（删除节点），节点被删除后的效果如图3-42所示。

图 3-41   图 3-42

7）使用"形状"工具选择右侧节点，并在"属性"栏中选择（转换曲线为直线）后，效果如图3-43所示。

8）同第6）步，将图形调节成如图3-44所示的效果。

9）用"形状"工具选择如图3-45所示的节点，在"属性"栏中选择（转换直线为曲线）后，并对节点的曲线进行编辑，编辑后的效果如图3-46所示。

10）同样，经过对节点进行编辑，绘制出如图3-46所示的效果。

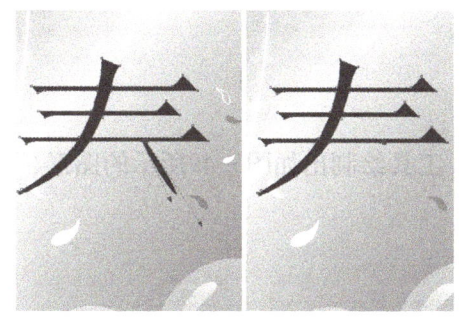

图 3-43 图 3-44

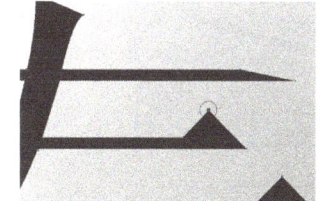

图 3-45 图 3-46

 经验提示

如果不想让绘制好的图形影响接下来的操作，可选中图形并单击鼠标右键，在弹出的快捷菜单中选择"锁定对象"选项，则将此对象锁住，需要再对其操作时，按同样的操作选择"解锁对象"选项即可。

11）使用"贝塞尔工具"和"形状"工具绘制出如图3-47所示的图形。执行菜单中的"编辑"→"复制属性自"命令在弹出的对话框中进行参数设置，如图3-48所示。单击"确定"按钮后光标变成箭头图标，在"春"字上单击鼠标左键，将其填充色复制给绘制的图形。

图 3-47

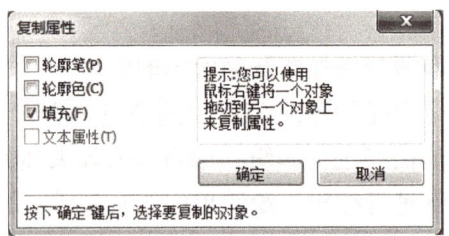

图　3-48

2. 绘制文字特效

1）同样，使用"贝塞尔"工具和"形状"工具绘制出如图3-49所示的图形，并填充颜色。

图　3-49

2）使用"椭圆形"工具，按照图3-50所示"椭圆形"属性栏的参数进行设置，绘制出如图3-51所示的图形。

图　3-50

图　3-51

3）选择"艺术笔"工具，按照如图3-52所示"艺术笔"属性栏的参数进行设置，并填充为C:85，M:35，Y:100，K:5的颜色。效果如图3-53所示。

4）使用"圆角矩形"工具，绘制并填充圆角矩形。

5）使用"贝塞尔"工具和"形状"工具绘制出如图3-54所示的图形，执行菜单中的"排列"→"造型"→"焊接"命令，并进行参数设置后填充为（C:15，M:0，

Y:95，K:0）的黄绿色，如图3-55所示。

6）执行菜单中"位图"→"转换为位图"命令，执行菜单中"位图"→"模糊"→"高斯式模糊"命令，"半径"设置为6像素，效果如图3-56所示。

7）使用"交互式透明"工具，按照如图3-57所示参数进行设置，完成的效果如图3-58、图3-59所示。

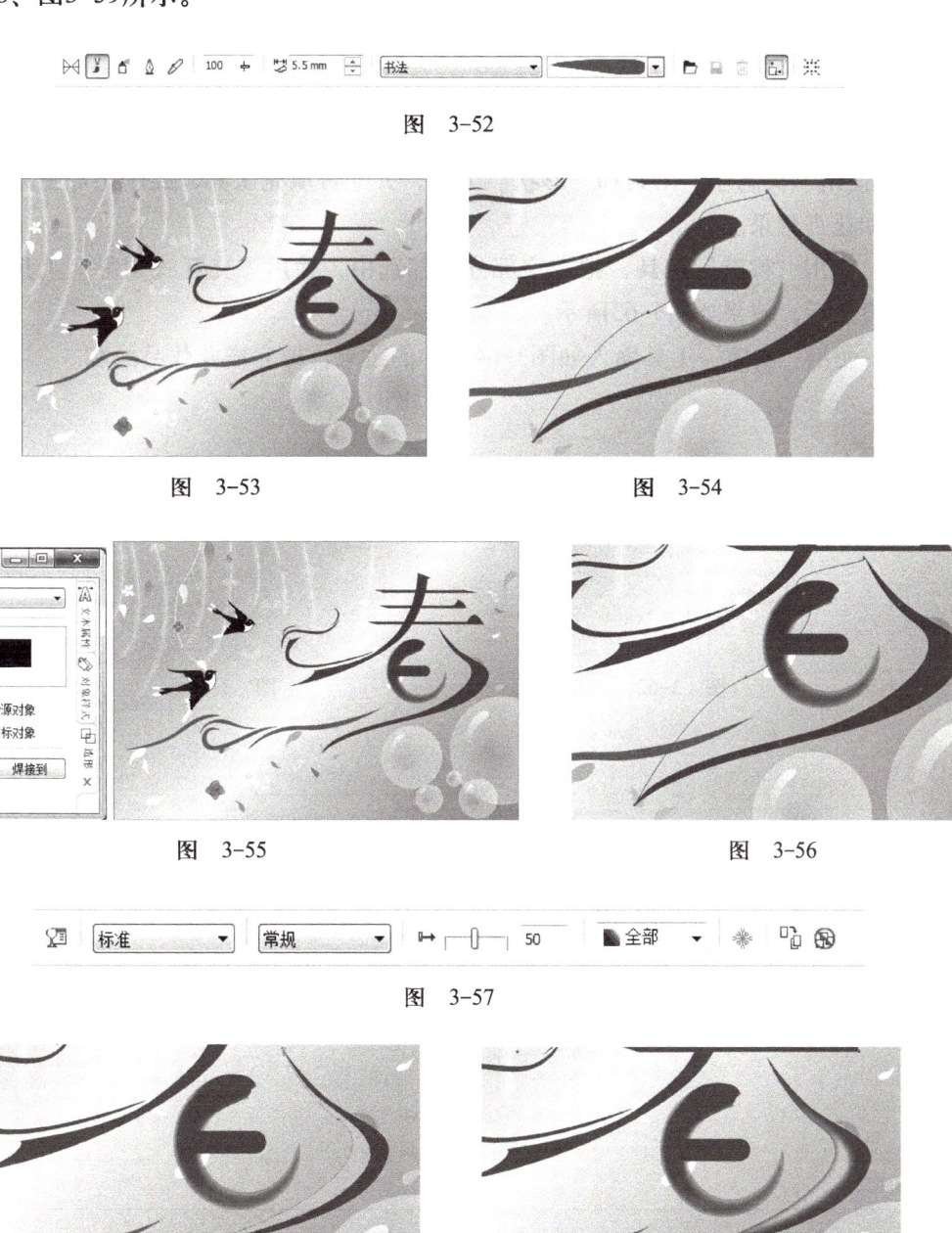

图 3-52

图 3-53

图 3-54

图 3-55

图 3-56

图 3-57

图 3-58

图 3-59

8）绘制出另外的文字效果，如图3-60、图3-61所示。

图 3-60   图 3-61

9）使用"贝塞尔"工具和"形状"工具，并配合填充工具，绘制出如图3-62所示的叶子和花卉效果。

10）使用"挑选"工具，把文字部分全部选中，使用"交互式阴影"工具，并进行参数设置后，效果如图3-63所示。

11）使用"文字"工具输入如图3-64所示的效果，即完成此作品绘制。

图 3-62   图 3-63

图 3-64

必备知识

绘制文字

利用文字的曲线绘制变形。在CorelDraw X6中，在编辑完文本后，可以使用"形状"工具，并在"属性"栏中选择"转换曲线为直线"，可以对任意形状进行曲线变形调整，如图3-65所示。

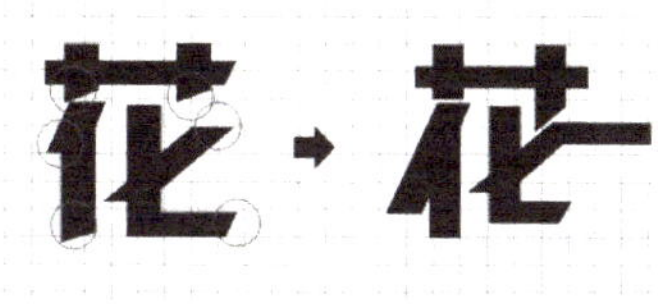

花·花

图 3-65

拓展任务

要求：根据提供的效果图，运用"文字工具"的编辑功能完成如图3-66所示的插画形象作品。

图 3-66

任务3　设计时尚人物插画

任务分析

本任务主要结合三点曲线工具和交互式透明工具、渐变填充工具等命令，综合训练CorelDRAW X6中对线条绘制图形的方法进行人物的绘制。并结合前面几个任务的基础，掌握绘图的基本知识。草图设计如图3-67所示。

图 3-67

任务实施

1. 绘制背景

1）启动CorelDRAW X6应用程序后，在弹出的"快速启动"对话框中单击"新建空白文档"图标，新建一个高230mm，宽400mm的空白文件。

2）双击工具箱上的"矩形工具"，制作出与页面大小一致的矩形。按<Shift+F11>组合键，弹出"均匀填充"，填充粉色为（C0、M40、Y20、K0），如图3-68所示。

图 3-68

3）单击"椭圆形工具"按钮，绘制一个直径为23mm的正圆，单击调色板填充圆形为白色（C0、M0、Y0、K0），鼠标右键单击调色板顶端的⊠按钮，去掉轮廓色。单击工具栏内的"调和工具"黑色箭头，在下拉菜单中找到"透明度工具"，在属性栏中设置"透明度类型"为"辐射"、"透明度操作"为"常规"、"透明中心点"为"0"、"角度和边界"为"0"、"透明度目标"为"全部"，此时图形效果如图3-69所示。

经验提示

使用交互式透明工具，可以方便地为对象添加均匀、渐变、图案及材质等透明效果。

4）使用"选择工具"选中绘制好后的圆形，按住<Shift>键的同时，按住鼠标左键向内拖曳到合适位置，按下鼠标右键的同时放开鼠标左键，缩小并复制一个圆形，如图3-70所示。

5）使用"选择工具"，选中刚绘制好的两个圆形，单击鼠标右键，选择"群组工具"对图形进行群组，将群组好后的图形进行复制，最后效果如图3-71所示。

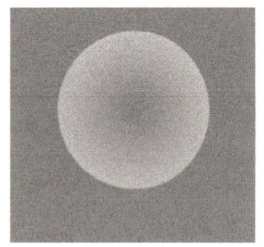 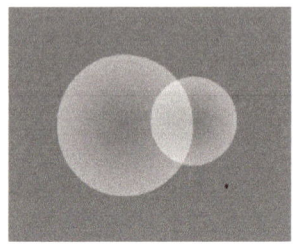 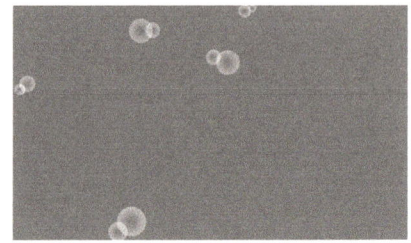

图 3-69   图 3-70   图 3-71

2. 绘制脸部

1）绘制人物脸部图形。选取"三点曲线工具"，绘制一条闭合路径，得到脸部轮廓，如图3-72所示。

2）填充颜色。双击状态栏中的"填充"色块，弹出"均匀填充"对话框，设置颜色为（C0、M27、Y42、K0），效果如图3-73所示。

3）绘制耳朵轮廓。选取"三点曲线工具"，绘制耳朵轮廓，填充颜色和脸部颜色一样（C0、M27、Y42、K0），效果如图3-74所示。

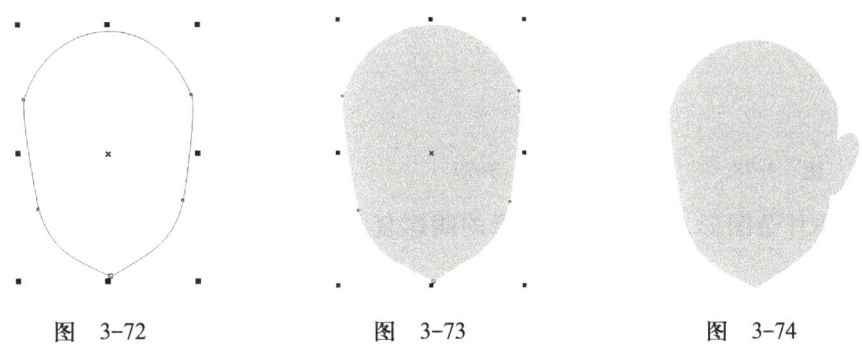

图 3-72   图 3-73   图 3-74

4）绘制耳朵图形。继续运用"三点曲线工具"，绘制路径，填充颜色为渐变，在"渐变填充"对话框中，设置"类型"为"辐射"、"水平"为"37"，"垂直"为"-11"，"边界"为"22"、"从"为"白色"，"到"为"深褐色"（C:0、M:25、Y:30、K:0），设置如图3-75所示。单击"确定"按钮，效果如图3-76所示。

5）添加透明效果。选取"交互式透明工具"，在图形上单击并拖动鼠标，设置"透明度类型"为"标准"，"透明度操作"为"乘"，为图形添加透明效果，如图3-77所示。

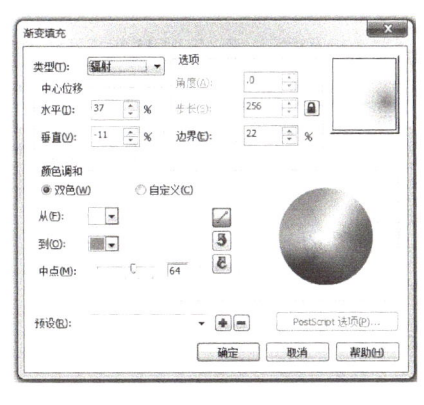

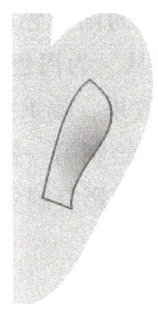

图 3-75   图 3-76   图 3-77

6）绘制耳朵图形。右击鼠标，点击调色板上方的⊠按钮，去除轮廓线，并参照上述同样的操作方法，绘制另外两个图形，如图3-78所示。

7）制作红色光晕。选取"椭圆工具"，绘制一个圆，填充颜色为白色，选取"交互式阴影工具"，为图形添加阴影效果，"设置透明度"操作为"正常"、

"阴影的不透明度"为100、"阴影羽化"为90、"阴影颜色"为粉色（C:0、M:60、Y:40、K:0），效果如图3-79所示。

8）制作红色光晕。按<Ctrl+K>组合键，分离阴影，将绘制的圆删除，得到效果如图3-80所示。调整位置，放置阴影至合适的位置。

图 3-78　　　　　　　图 3-79　　　　　　　　　图 3-80

9）制作耳朵图形。将图3-81所示的阴影复制一份，调整至合适大小及位置，如图3-82所示。

10）将耳朵图形进行"水平镜像"设置，复制一份，调整至合适大小及位置，效果如图3-83所示。

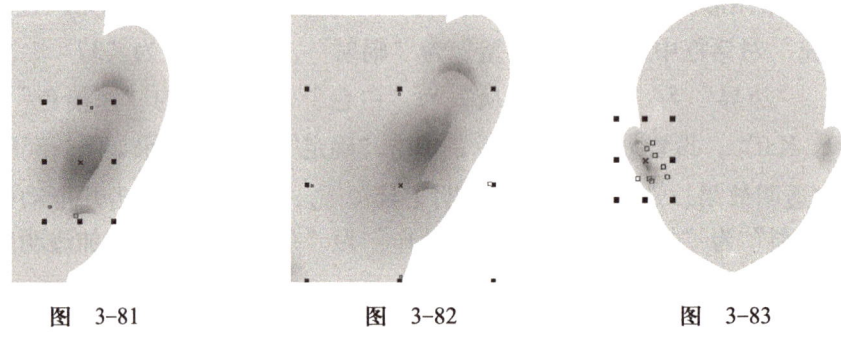

图 3-81　　　　　　　图 3-82　　　　　　　　　图 3-83

11）绘制眉毛。参照前面学习过的方法，运用"三点曲线工具"绘制眉毛，填充颜色为渐变色，在"渐变填充"对话框中，设置"角度"为155°、"步长"为256、"从"为褐色（C29、M47、Y48、K0），"到"为深褐色（C45、M60、Y60、K0）的效果，效果如图3-84所示。

12）绘制另一侧眉毛。将眉毛水平镜像并复制一份，放置在合适的位置，将耳朵图形上的阴影复制多份，并放置在合适的位置，效果如图3-85所示。

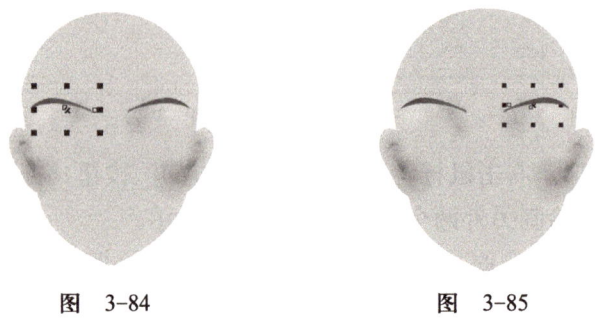

图 3-84　　　　　　　图 3-85

3. 绘制眼睛

1）绘制眼眶。运用"三点曲线工具"，绘制眼眶，上眼睑填充颜色为黑色（C80、M90、Y792、K75），下眼睑填充颜色为渐变色，在"渐变填充"对话框中，设置"角度"为"172°"、"边界"为"34"、"从"为"褐色"（C38、M50、Y49、K0），"到"为"深褐色"（C67、M76、Y87、K48）效果，如图3-86所示。

2）绘制眼影睫毛。参照上述同样的操作方法，绘制出眼影以及睫毛，如图3-87所示。

3）绘制眼白。运用"三点曲线工具"绘制眼白，填充颜色为渐变色，在"渐变填充"对话框中，设置"类型"为"射线"、"水平"为"0"，"垂直"为"3"，"边界"为"16"、"从"为"白色"，"到"为"深褐色"（C40、M54、Y54、K0），效果如图3-88所示。

4）调整图层顺序，将绘制的图形调整至合适的图层，效果如图3-89所示。

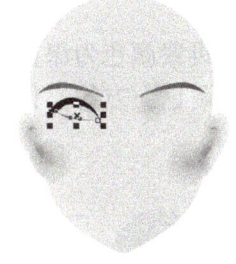 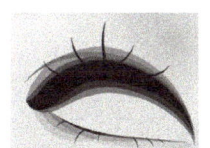 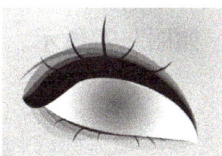 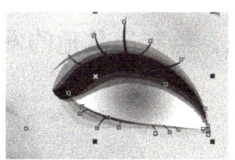

图 3-86　　　　　图 3-87　　　　　图 3-88　　　　　图 3-89

5）绘制眼睛。选取"椭圆工具"，绘制一个椭圆，填充颜色为渐变，在"渐变填充"对话框中，设置"类型"为"辐射"，从深蓝色（C82、M73、Y45、K7）到蓝色（C83、M66、Y42、K3）。效果如图3-90所示。

6）绘制眼珠。选取"椭圆工具"绘制一个椭圆，填充颜色为渐变，在"渐变填充"对话框中，设置"类型"为"辐射"、"边界"为"12"、"中点"为"64"、从白色到黑色，选取"交互式透明"工具，在图形上单击并拖动鼠标，为椭圆图形添加透明效果，设置"透明度类型"为"标准"，"透明度操作"为"常规"，"开始透明度"为70，效果如图3-91所示。

7）绘制眼睛高光。参照上述同样的操作方法，绘制小圆，填充渐变并添加透明效果，得到眼睛高光，如图3-92所示。

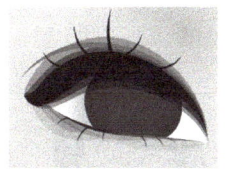 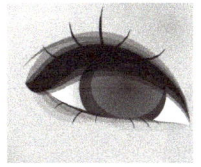 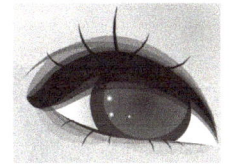

图 3-90　　　　　图 3-91　　　　　图 3-92

8）制作另一侧眼睛。将眼睛水平镜像并复制一份，放置在合适的位置，如图3-93所示。

9）绘制其他的图形。参照上述同样的操作方法，运用"三点曲线工具" 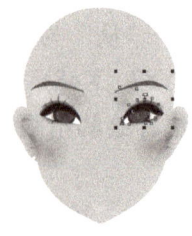绘制出其他的图形，并复制阴影图形，放置在合适的位置，如图3-94所示。

图 3-93　　　　　　图 3-94

4. 绘制头发

1）选取"三点曲线工具" 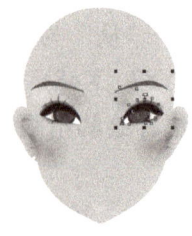绘制刘海，填充颜色为深褐色（C56、M91、Y85、K40），并去除轮廓线，效果如图3-95所示。

2）选取"贝塞尔工具" 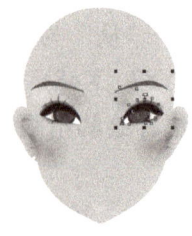，绘制路径，如图3-96所示。

3）双击状态栏中的"填充"色块，弹出"均匀填充"对话框，设置颜色为深褐色（C56、M91、Y85、K40），单击"确定"按钮，填充颜色，单击调色上方的操作方法，绘制出其他的发丝，如图3-97所示。

图 3-95　　　　　　图 3-96　　　　　　图 3-97

5. 绘制身体

1）选取"三点曲线工具" 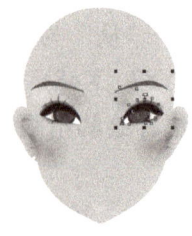，绘制一条闭合路径，填充颜色为渐变色，在"渐变填充"对话框中，设置"类型"为"线性"、"水平"为"0"，"垂直"为"0"，"边界"为"91.5"、"从"为"粉色"（C0、M25、Y30、K0），"到"为"深粉色"（C0、M55、Y48、K0），如图3-98所示。

2）执行"排列"→"顺序"→"置于此对象前"命令，此时光标呈 ➡ 形状，在头发上单击，即可将该对象移动到制定对象的前面一层，效果如图3-99所示。

图 3-98　　　　　　图 3-99

6. 细节调整

1）参照前面绘制头发的操作方法，绘制发丝，如图3-100所示。

2）绘制衣服。选取"三点曲线工具"🖉绘制衣服图形，填充颜色为白色（C0、M0、Y0、K0），如图3-101所示。

图 3-100　　　　　　　　　　　　图 3-101

3）绘制耳环阴影，选取"椭圆工具"⬭，填充颜色为渐变色，在"渐变填充"对话框中，设置"类型"为"辐射"、"水平"为"-6"、"垂直"为"-11"、"从"为"白色"（C0、M0、Y0、K0），"到"为"咖啡色"（C40、M70、Y100、K40），如图3-102所示。

4）绘制耳环，选取"椭圆工具"⬭，填充颜色为白色，并利用矩形工具▢，绘制一个长方形，填充颜色为白色，如图3-103所示。并且复制椭圆形，填充颜色为"渐变"，在"渐变填充"对话框中，设置"类型"为"线性"、"边界"为"0"、"中点"为"0"、从白色到灰色，设置"角度"为"270"，"步长"为"256"，边界为"29"。然后复制两个同样的椭圆，如图3-104所示。

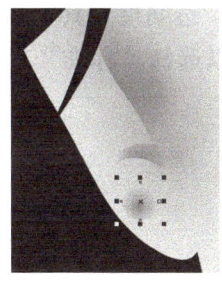
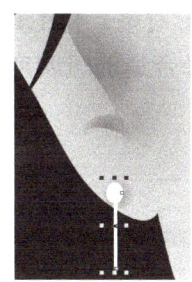
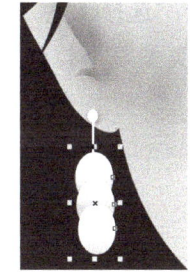

图 3-102　　　　　　图 3-103　　　　　　图 3-104

7. 添加文字

1）文字背景，复制一个绘制好的"椭圆形"，如图3-105所示。制作黄色光晕。选取"椭圆工具"⬭，绘制一个圆，填充颜色为白色，选取交互式阴影工具▣，为图形添加阴影效果，"设置透明度"操作为"常规"、"阴影的不透明度"为"100"、"阴影羽化"为"90"、"阴影颜色"为"黄色"（C0、M0、Y100、K0），再使用<Ctrl+K>组合键分离阴影，删除掉白色椭圆，效果如图3-106所示。

2）利用"文本工具"🄰，输入文字"Happy women's day"，字体为"Monotype consiva"，颜色为"绿色"（C78、M56、Y93、K4），字体大小为"8pt"，如图3-107所示。

3）打开文件菜单，插入一个花卉背景的矢量图文件，如图3-108所示。

4）利用选择工具 框选所有的图形（除粉色背景以外），单击鼠标右键进行群组。将群组后的图片利用菜单栏中的"图框精确裁剪工具"将绘制的人物图形放置在粉色背景中，效果如图3-109所示。

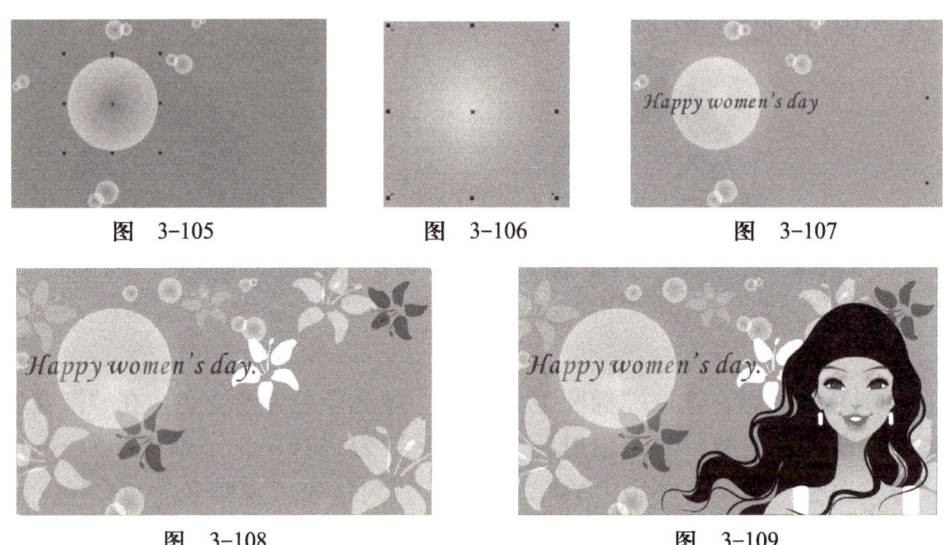

图 3-105　　　　　图 3-106　　　　　图 3-107

图 3-108　　　　　　　　图 3-109

必备知识

交互式透明工具

1）透明效果是通过改变对象填充颜色的透明程度来创建独特的视觉效果。使用交互式透明工具可以方便地为对象添加"标准""渐变""图案"及"材质"等透明效果。

2）使用"选择工具"选取图形对象，将工具切换到"透明度工具"，在属性栏中的"透明度类型"下拉列表中选择合适的透明度类型，以选择"标准"项为例，如图3-110所示。

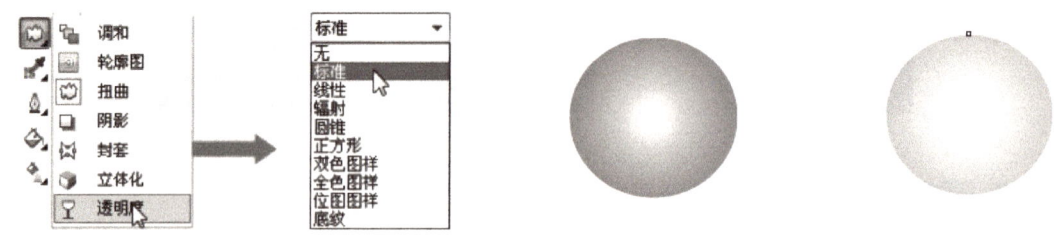

图 3-110

3）应用透明效果后，可以通过属性栏和手动调节两种方式调整对象的透明效果。使用"透明度工具"单击前面创建的透明对象，该工具的属性栏设置如图3-111所示。

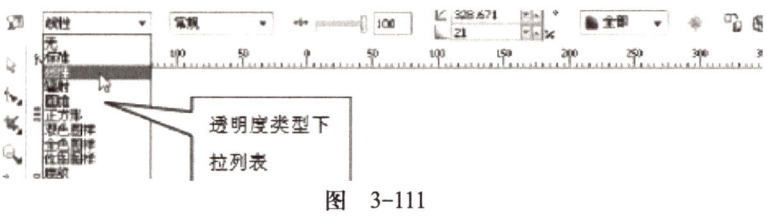

图 3-111

拓展任务

利用"贝赛尔工具""三点曲线工具""编辑工具"等绘制出如图3-112所示的动漫插画。

图 3-112

▶▶▶ 项目评价

整个评价分为项目设计阶段、项目制作阶段、成果展示阶段。将评价学生在整个项目学习过程中的学习态度、理论知识的熟悉能力、语言沟通能力、软件工具的综合使用能力和迁移学习能力等。具体操作见表3-1。

表3-1　插画设计项目评价

项目名称		米米食品有限公司包装盒设计			
评价项目		具体内容	评　分		
			自　评	同学间互评	教师协调
设计阶段	情感态度	配合老师分组活动			
		是否大胆发表个人想法			
		积极参与项目构思			
		主动查阅相关行业资料			
	合作交流	主动与同学沟通和讨论			
		认真倾听同学的意见和观点			
		沟通过程中语言表达准确			
	知识学习	插画知识的掌握			
		插画设计的内容			
		插画设计流程			
	实践活动	是否做好自己的工作？			
制作阶段	软件综合使用能力	图形工具使用能力			
		文字工具使用能力			
		形状工具使用能力			
		造型工具能力			
		复杂图形编辑能力			
		版面设计能力			
	任务完成能力	任务1　卡通插画设计			
		任务2　出版物插画设计			
		任务3　时尚人物插画设计			
成果展示		将制作结果以（　）的方式呈现。效果如何？			
我的收获					

▰▰▰ ▶▶▶ 实战强化

实战要求

1）绘制一幅春天的插画场景。

2）绘制一幅夏天的插画场景。

3）绘制一幅秋天的插画场景。

4）绘制一幅冬天的插画场景。

设计描述

1. 背景介绍

以春夏秋冬为例，绘制出不同的4个场景，每个场景需要运用到所学的知识。

2. 设计分析

（1）插画设计前期分析

通过团体合作，分组进行以下步骤：

1）小组讨论，对场景设计的不同确定插画的颜色和主题，还有关键词。

2）小组分工，搜索类似案例，对插画进行分析确定其独特性。

3）对以上分析进行总结归纳最终确定各个季节插画的不同风格。

（2）分工合作完成。

▰▰▰ ▶▶▶ 小结

本项目通过3个实例任务和任务拓展来学习插画的制作方法和技巧，重点掌握CorelDRAW X6基本形状工具、交互式工具、钢笔工具、"转换为位图"命令的功能应用。掌握以上的要点，读者经过自己的创造一定能设计出更有创意的插画。

项目4 DM设计 <<<<

▶▶▶ 项目概述

　　DM是区别于传统的广告刊载媒体，即报纸、电视、广播、互联网等的新型广告发布载体。传统广告刊载媒体贩卖的是内容，然后再把发行量二次贩卖给广告主，而DM则是贩卖给目标消费者的广告通道。

　　DM除了用邮寄以外，还可以借助于其他媒介，如传真、杂志、电视、电话、电子邮件及直销网络、柜台散发、专人送达、来函索取、随商品包装发出等。DM与其他媒介的最大区别在于：DM可以直接将广告信息传送给真正的受众，而其他广告媒体形式只能将广告信息笼统地传递给所有受众，而不管受众是否是广告信息的真正受众。

▶▶▶ 学习目标

　　知识目标：学会位图编辑、文本工具、填充工具的使用，通过案例学习，在工具掌握熟练后能够独立完成DM作品绘制。

　　技能目标：本单元主要介绍应用曲线工具绘制图形的操作方法，以及对曲线绘制工具进行基本属性的设置。

　　情感目标：通过学习实例绘制过程，增长学生对DM单的认识，并且能够熟悉掌握命令结合自己的创意进行设计。

▶▶▶ 项目描述

　　创意提示：在设计DM时，假若事先围绕它的优点考虑更多一点，将对提高DM的广告效果大有帮助。如何才能制作出人见人爱的DM呢？这是卖场一直研究的重要课题。

　　设计背景：某早餐店在当地知名度低，当地早餐店以宣传DM单为主要手段，同行都在做促销，为了拉动自己的人气。根据客户所述，我们仔细地研究了DM宣传单的现状：

　　如果想提升知名度在当地打广告的话，投入太大，可不可以用另外一种方式快速地提升这家店的知名度呢？

　　根据客户所述，我们仔细地研究了DM宣传单的现状：

　　1）不能引起消费者的注意及重视，市场上的DM宣传单杂而乱，各行各业几乎天天都在进行，但90%的顾客拿到手后的保存时间不超过5分钟。

　　2）信息浏览达到率低。几乎没有顾客将内容从头至尾阅读完毕。

　　3）因为重视度的不足，95%以上的厂家发放的宣传单页没有任何宣传效应。

　　针对店铺的具体情况，展开了对DM单的设计工作。

　　任务1：活动单页DM单的设计。

　　任务2：活动折叠宣传页的设计。

▶▶▶ 任务1 设计公司活动单页DM单

任务分析

在与客户沟通后在设计方向上达成了共识，对DM的设计制作方法，大致归纳如下几点：

1）设计人员要透彻了解商品。

2）爱美之心，人皆有之，故设计要新颖有创意，印刷要精致美观，吸引更多的眼球。

3）DM的设计形式没有一定的法则，可视具体情况灵活掌握、自由发挥、出奇制胜。

4）充分考虑其折叠方式、尺寸大小、实际重量，便于邮寄。

5）可在折叠方法上玩些小花样，让人耳目一新，但切记要使接受邮寄者方便拆阅。

6）配图时，多选择与所传递信息有强烈关联的图案，刺激记忆。

7）考虑色彩的魅力。

任务实施

1. 添加并编辑图片和装饰图形

1）按<Ctrl+N>组合键，新建一个页面。在属性栏中将"页面宽度"选项设为"400mm"，"页面高度"选项设为"170mm"。双击"矩形"工具，绘制一个与页面大小相等的矩形。

2）按<Ctrl+I>组合键，弹出"导入"对话框，选择配套资源包中的"/Ch4/素材/制作早餐店铺宣传单.jpg"素材文件，单击"导入"按钮，在页面中单击导入图片，拖动到适当的位置并调整其大小，如图4-1所示。

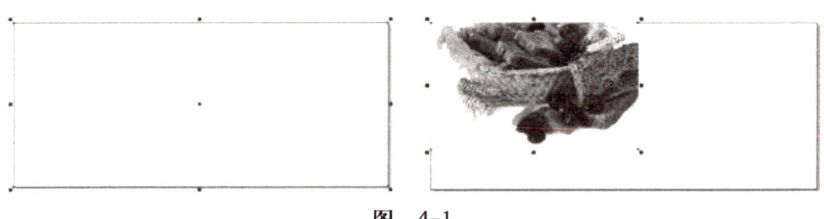

图 4-1

3）选择"选择"工具，单击属性栏中的"水平镜像"按钮，水平翻转导入的图片，如图4-2所示。按<Ctrl+I>组合键，弹出"导入"对话框，选择配套资源包中的项目素材文件，单击"导入"按钮，在页面中单击导入图片，拖动到适当的位置并调整其大小，如图4-3所示。选择"选择"工具，按数字键盘上的<+>键，复制图形，并调整其大小和位置，如图4-4所示。

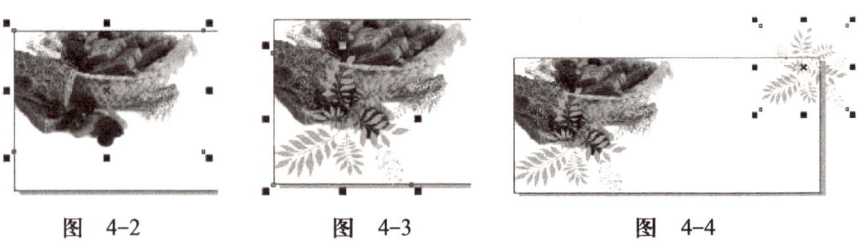

图 4-2   图 4-3   图 4-4

4）选择"透明度"选项，在属性栏中的设置如图4-5a所示，效果如图4-5b所示。使用"选择"工具，再次单击图形，使其处于旋转状态，拖动鼠标将其旋转到适当的角度。

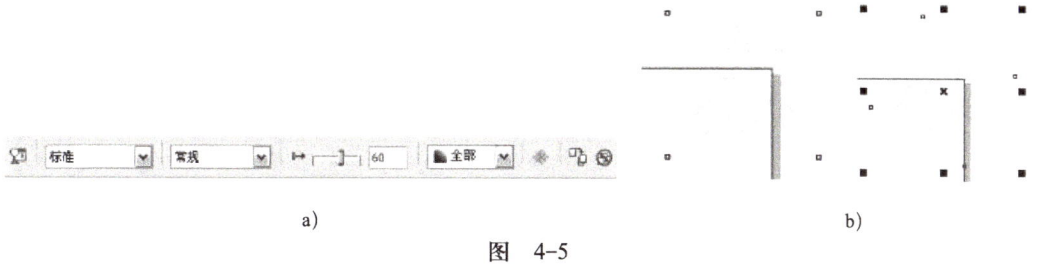

a)   b)

图 4-5

5）使用"选择"工具同时选取需要的图形，按<Ctrl+G>组合键群组所选图形。执行菜单命令"效果→图框精确剪裁→放置在容器中"命令，鼠标指针变为黑色箭头，在矩形框上单击鼠标左键，将图片置入矩形框中，如图4-6所示。

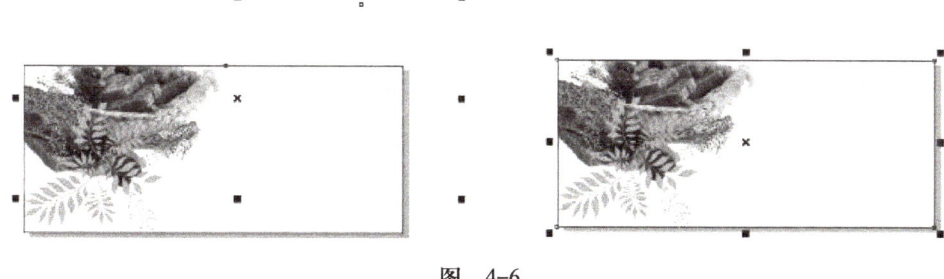

图 4-6

6）使用"矩形"工具在适当的位置绘制一个矩形，如图4-7所示，设置图形颜色为（C:0；M:80；Y:100；K:0），并将其置于底层，效果如图4-8所示。

7）使用"椭圆形工具"和"矩形工具"，在适当的位置绘制图形，使用"选择工具"选取两个图形，单击属性栏中的"移除前面对象" 按钮组合两个图形。设置图形颜色为（C:0 M:60 Y:100 K:0），设置轮廓线颜色为（C:0 M:80 Y:100 K:0），将属性栏中的"轮廓宽度"设置为1.5mm，最后获得组合图形效果如图4-9所示。

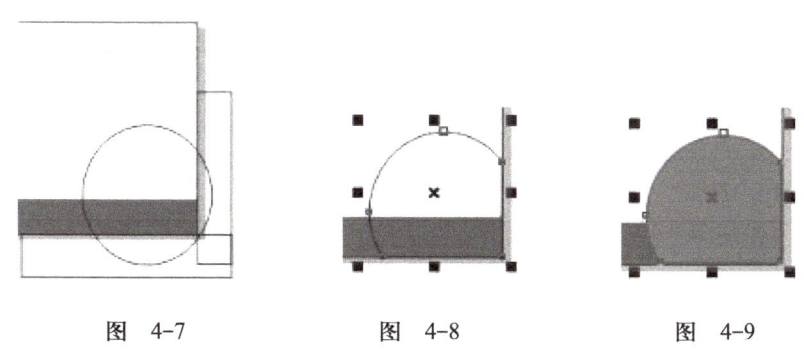

图 4-7   图 4-8   图 4-9

8）按<Ctrl+I>组合键，弹出"导入"对话框，选择宣传单素材文件，单击"导入"按钮，在页面中合适位置单击鼠标左键导入图片，拖动图片到适当的位置并调整其大小，如图4-10所示。单击属性栏中的"水平镜像" ⬚⬚ 按钮，水平翻转导入的图片，如图4-11所示。

9）按<Ctrl+PgDn>组合键，将其后移一层，效果如图4-12所示。选择"效果→图框精确剪裁→放置在容器中"命令，鼠标光标变为黑色箭头，在刚组合的图形上单击，将图片置入剪切图形中，效果如图4-13所示。

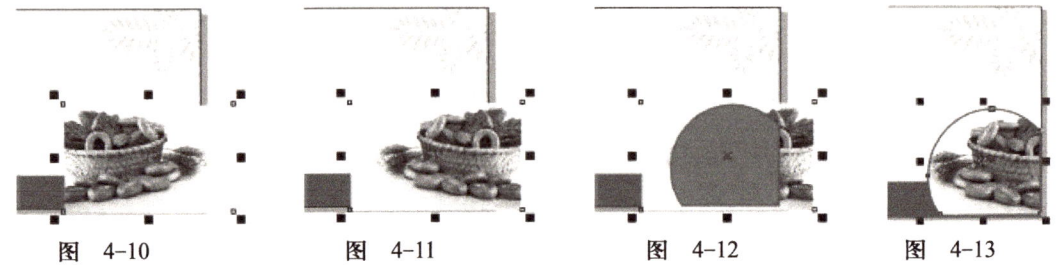

图 4-10   图 4-11   图 4-12   图 4-13

10）使用"贝塞尔"工具，在适当的位置绘制一条曲线，填充轮廓色为白色，并将属性栏中的"轮廓宽度"设置为4，效果如图4-14所示。执行"位图→转换为位图"命令，在弹出的对话框中进行设置，如图4-15所示，单击"确定"按钮，效果如图4-16所示。

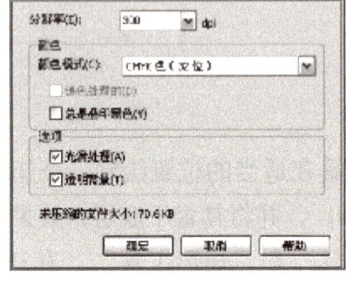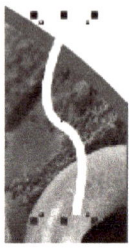

图 4-14   图 4-15   图 4-16

11）执行"位图→模糊→高斯式模糊"命令，在弹出的对话框中进行设置，如图4-17所示，单击"确定"按钮，效果如图4-18所示。

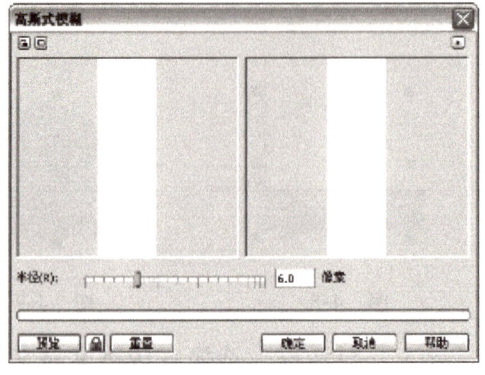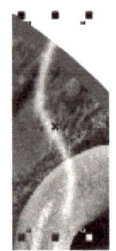

图 4-17   图 4-18

12）使用"透明度"工具，在图片上由上向下拖动光标添加透明效果，属性栏中的设置和最终效果如图4-19所示。用相同的方法制作其他效果，最终效果如图4-20所示。

图 4-19　　　　　　　　　　　　　　　图 4-20

2. 制作宣传文字

1）使用"文本"工具，在页面中分别输入需要的文字，使用"选择"工具，在属性栏中分别选取适当的字体并设置文字大小，效果如图4-21所示。选取下方的文字，使用"形状"工具，向下拖动文字，调整行距，松开鼠标并取消选取状态，效果如图4-22所示。

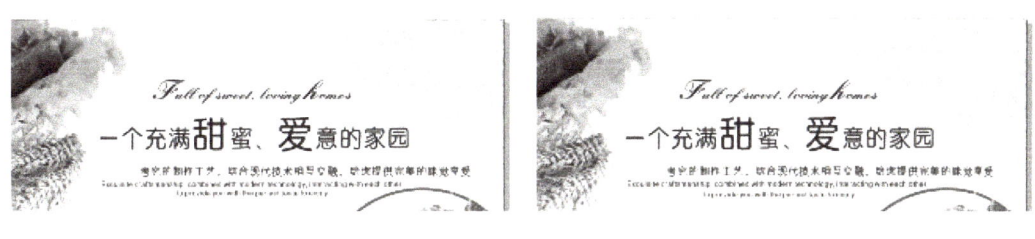

图 4-21　　　　　　　　　　　　　　　图 4-22

2）使用"选择"工具，选取上方的两行文字，设置填充颜色的值为（C:0；M:100；Y:100；K:0）；选取下方的两段文字，设置填充颜色的值为（C:0；M:50；Y:100；K:0），效果如图4-23所示。

图 4-23

3）选择"轮廓笔"工具，弹出"轮廓笔"对话框，将"颜色"选项的值设为粉色，其他选项的设置如图4-24所示，单击"确定"按钮，效果如图4-25所示。

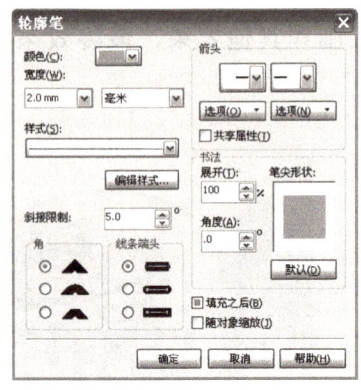

图 4-24

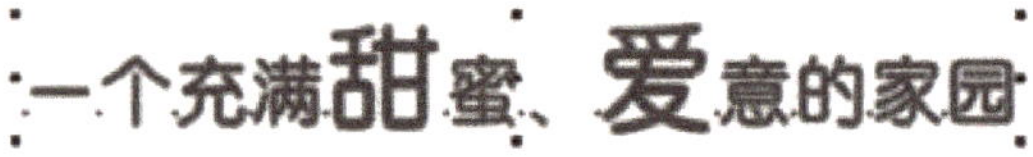

图 4-25

4）使用"文本"工具，在属性栏中选取适当的字体并分别设置文字大小，填充文字为白色，效果如图4-26所示。执行"位图"命令，在弹出的"转换为位图"对话框中进行设置，如图4-27所示，单击"确定"按钮。效果如图4-28所示。

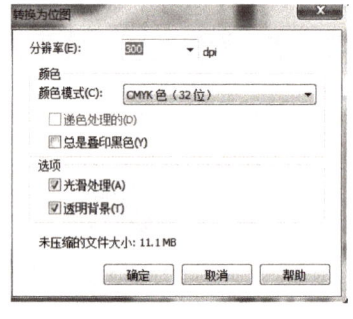

图 4-26

图 4-27

图 4-28

5）执行"位图"→"三维效果"→"透视"命令，在弹出的"透视"对话框中进行设置，如图4-29所示。单击"确定"按钮，效果如图4-30所示。使用"选择"工具，拖动图片到适当的位置，效果如图4-31所示。

图 4-29

图 4-30

图　4-31

必备知识

三维位图效果

在CorelDRAW X6中，编辑完文本后，选取导入的位图，选择"位图三维效果"子菜单下的命令，提供了几种不同的三维效果，下面介绍两种常用的三维效果。

（1）模糊

选中位图，执行"位图"→"模糊"命令，在如图4-32所示的菜单中提供了9种不同的模糊效果。下面介绍其中两种常用的模糊效果。

1）高斯模糊。执行"位图"→"模糊"→"高斯式模糊"命令，弹出"高斯式模糊"对话框，单击对话框中的▣按钮，显示对照预览窗口，如图4-33所示。

2）半径模糊。可以设置高斯模糊的程度。

（2）缩放

执行"位图"→"模糊"→"缩放"命令，弹出"缩放"对话框，单击对话框中的▣按钮，显示对照预览窗口，如图4-34所示。在左边的原始图像预览框中单击鼠标左键，可以确定移动模糊的中心位置。"数量"可以设定图像的模糊程度。

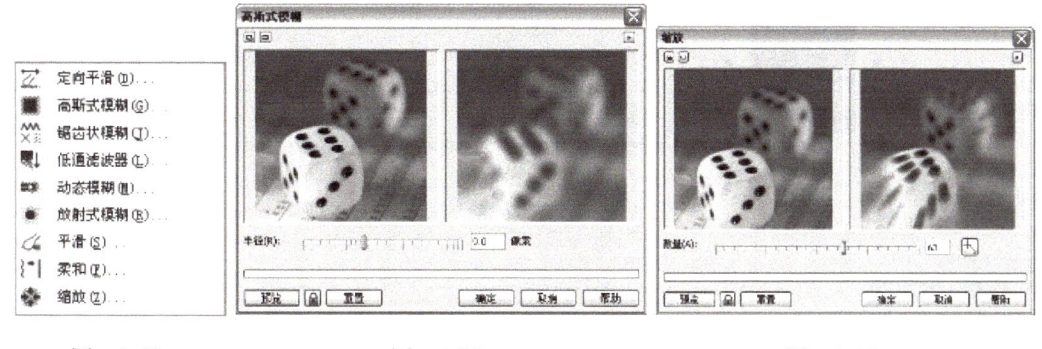

图　4-32　　　　　　图　4-33　　　　　　图　4-34

（3）透视

在CorelDRAW X6中，执行"位图"→"三维效果"→"添加透视"命令，打开"透视"对话框，可以对位图进行透视变形，类型有"透视"和"切变"，如图4-35所示。设置后的效果如图4-36和图4-37所示。

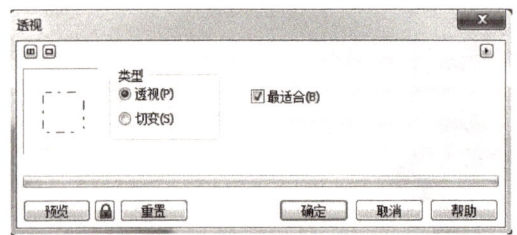

图 4-35

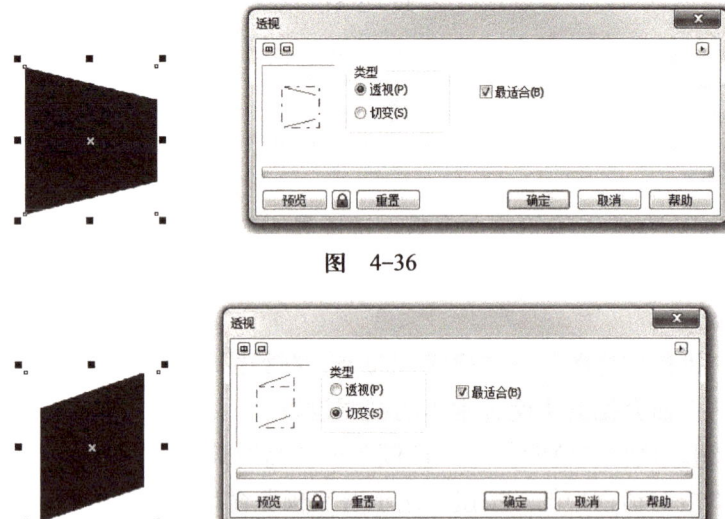

图 4-36

图 4-37

勾选掉"最合适"这个选项后，看到效果如图4-38所示。

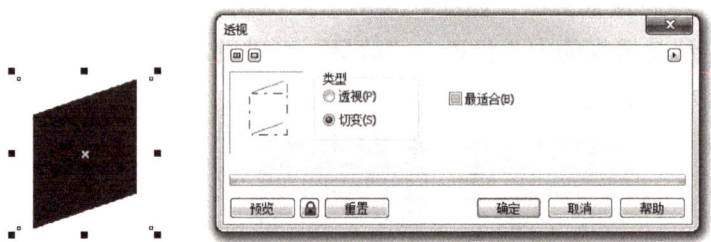

图 4-38

技巧提示

在非位图状态下的形状可以通过菜单栏中的"效果"→"添加透视"命令来实现，而如果是图片一定要转换为位图才能进行透视变形。

任务拓展

要求：根据提供的效果图，运用基本形状工具，特殊效果命令、文字工具等完成如图4-39所示的DM宣传单。

设计主题：家具产品广告单以简洁、高雅为主又不失温馨。

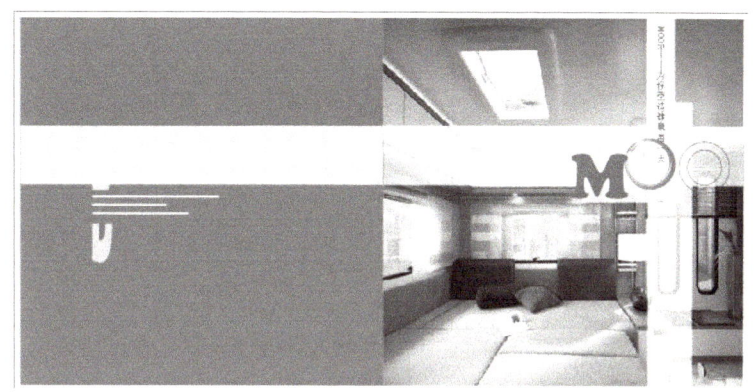

图 4-39

任务2 设计折叠宣传册

任务分析

在CorelDRAW X6中使用文本工具，以营养早餐为案例设计一款折叠页，让折叠页中的文字看上去更有层次感，并符合顾客的需求。

任务实施

1）启动CorelDRAW X6应用程序后，在弹出的"快速启动"对话框中单击"新建空白文档"图标按钮，新建一个高210mm、宽290mm的空白文件。

2）利用矩形工具绘制一个矩形。然后单击属性栏中的"转换为曲线"工具按钮（或者按<Ctrl+Q>组合键）。单击工具栏中的形状工具进行节点调节，效果如图4-40所示。

3）选中已经复制好的矩形，并使用选择工具选中已复制好的形状进行水平镜像。效果如图4-41所示。

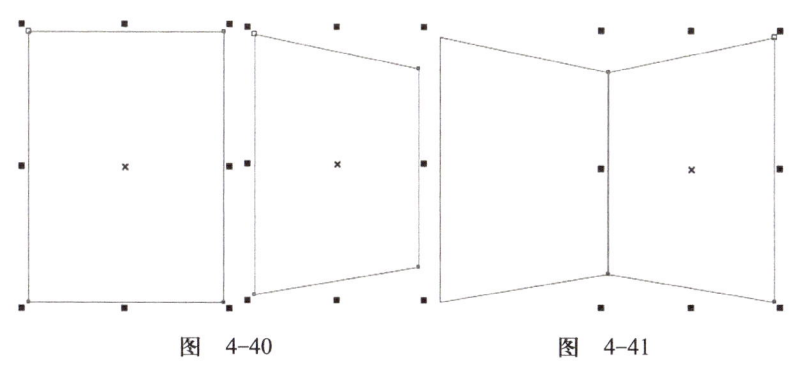

图 4-40   图 4-41

4）选中两个已经绘制好的形状，然后再进行复制，最后使用选择工具框选所有形状，单击鼠标右键进行群组，效果如图4-42所示。

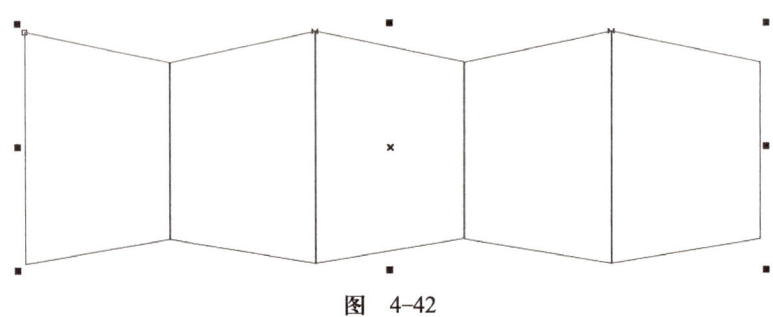

图 4-42

5）选中群组形状进行复制，使用选择工具选择复制好的形状，单击属性栏中的上下镜像，再单击左右镜像，然后移动群组形状至合适位置，再单击鼠标左键，效果如图4-43所示。

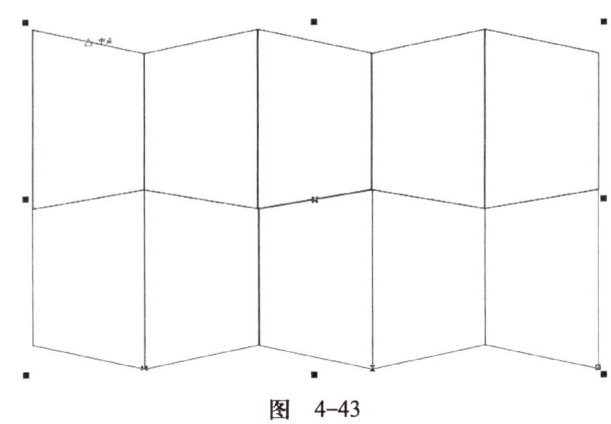

图 4-43

6）使用工具栏中钢笔工具绘制图形如图4-44a所示，使用均匀填充工具，颜色为（C:0、M:80、Y:100、K:0），效果如图4-44b所示。

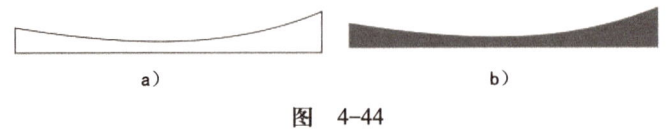

a）   b）

图 4-44

7）将绘制好的图形复制两个并填充颜色分别为（C:0、M:20、Y:100 、K:0）和（C:0、M:60、Y:100、K:0），最后将这3个图形进行群组，效果如图4-45所示。

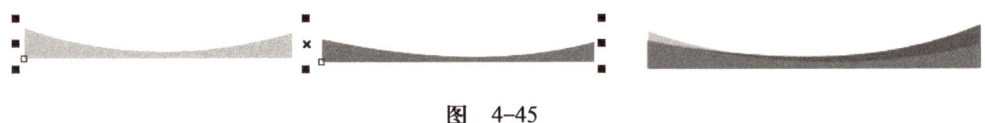

图 4-45

8）选中绘制好的图形进行透视效果制作，然后使用"图形精确剪裁"命令置于图文框内部，效果如图4-46所示。

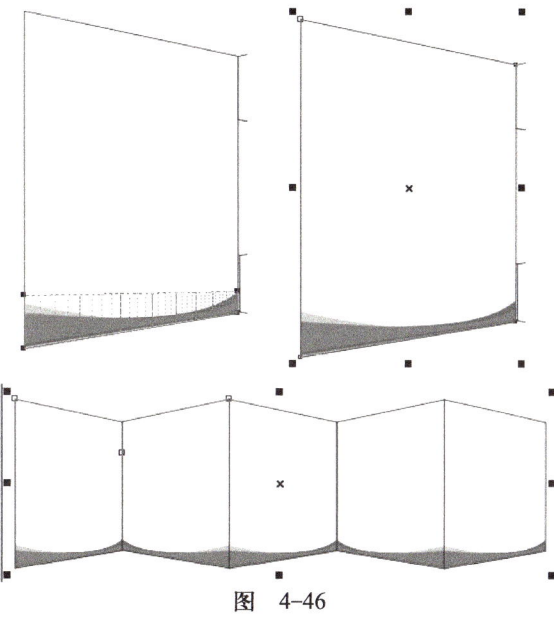

图　4-46

9）导入配套资源包中"ch4/素材/素材1.jpg"图片，打开"转换为位图"对话框，在
"透视"对话框中进行参数设置，如图4-47所示。效果如图4-48所示。把素材文件作为
宣传单的封面，使用"图框精确裁剪"命令放置于图文框中，如图4-49、图4-50所示。

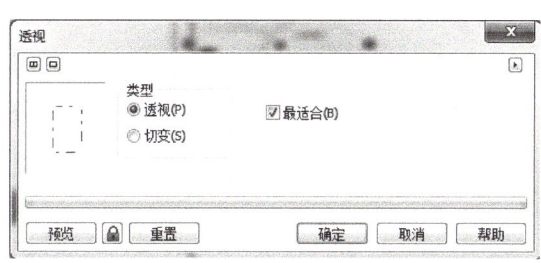

图　4-47

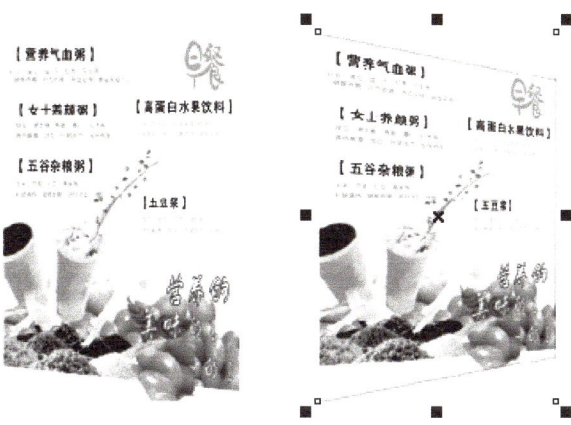

图　4-48

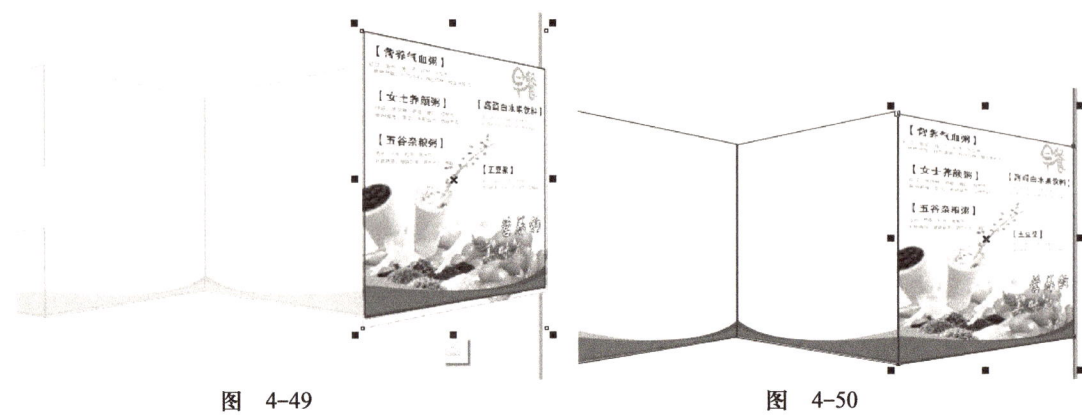

图　4-49　　　　　　　　　　　　　　　　图　4-50

10）将其他的图片依次按上面所述方法放置在图文框中，效果如图4-51所示。

11）使用钢笔工具绘制一条闭合曲线，填充颜色为（C:0、M:60、Y:100、K:0），并使用"图框精确剪裁"命令放置于折页图形中，效果如图4-52所示。

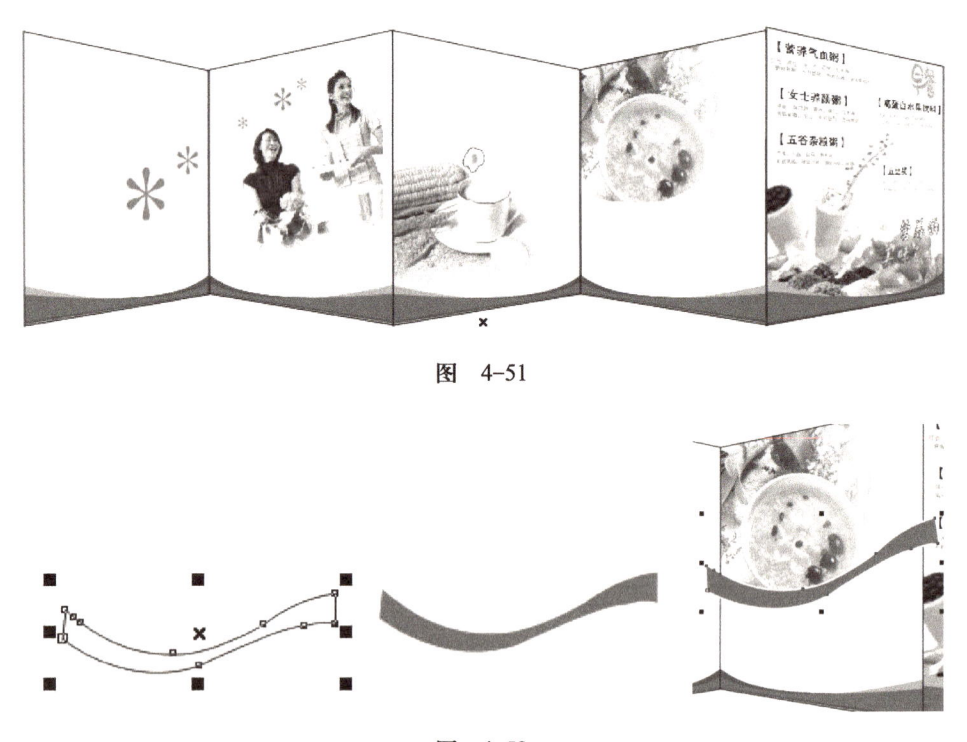

图　4-51

图　4-52

12）单击工具栏中的文本工具，在空白处拖出一个文本框，并把文字复制粘贴入文本框中，如图4-53所示。

13）选中所有文本，单击鼠标右键，在弹出的快捷菜单中选择"文本属性"选项，打开"文本属性"对话框，对文本进行编辑，设置字体颜色为（C:20、M:60、Y:0、K:20），字体为"幼圆"，字体大小为"7pt"，行距为"137%"，字间距为"20%"，如图4-54所示。

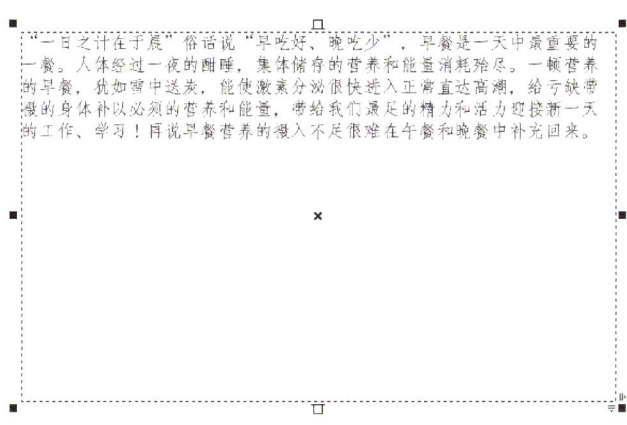

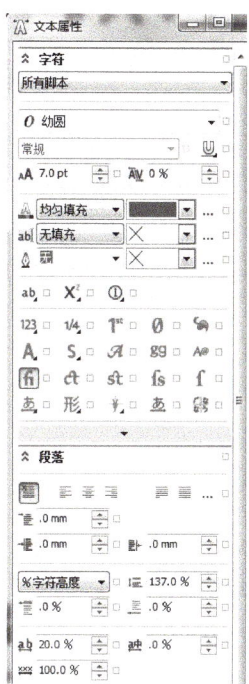

图 4-53　　　　　　　　　　　　　　　图 4-54

14）根据以上方法输入第二段和第三段文字，文字的属性设置及效果分别如图4-55、图4-56所示。

图 4-55

图 4-56

15）选中所有编辑完毕的文字并单击鼠标右键，在弹出的快捷菜单中执行"转换为美术字"命令，如图4-57所示，再单击菜单栏中的"效果"→"添加透视"命令。调整至如图4-58所示位置。

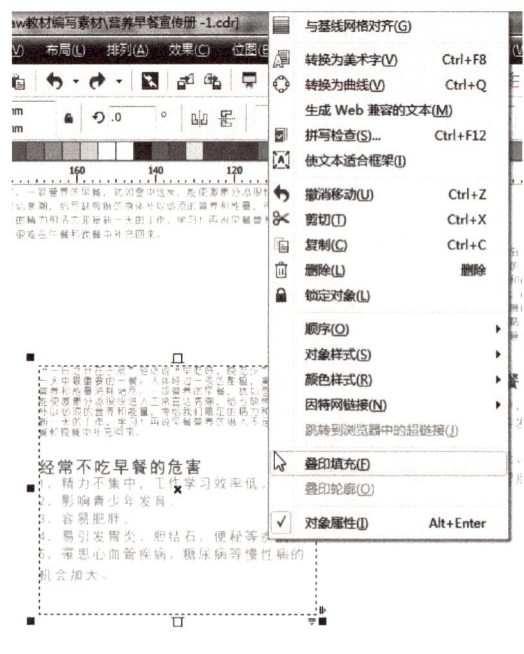

图 4-57

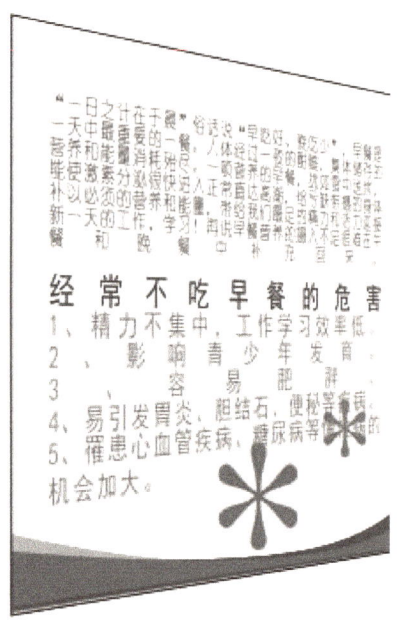

图 4-58

16）单击文本工具输入"营养早餐的五大要素"，字体为"华文琥珀"，大小为"20pt"，字体填充色为"白色"，轮廓色为（C:0、M:60、Y:100、K:0），轮廓宽度为0.5mm，设置后效果如图4-59～图4-61所示。

图　4-59

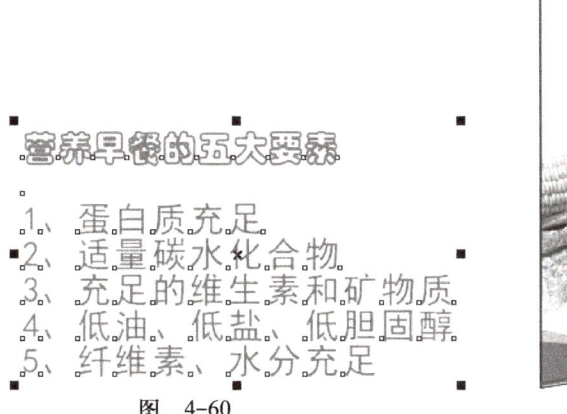

图　4-60

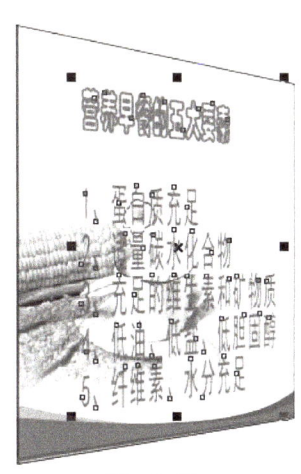

图　4-61

17）单击<Ctrl+C>组合键复制一个宣传单的外轮廓，并将填充颜色设为(C:0、M:0、Y:60、K:20)到白色渐变，如图4-62所示。

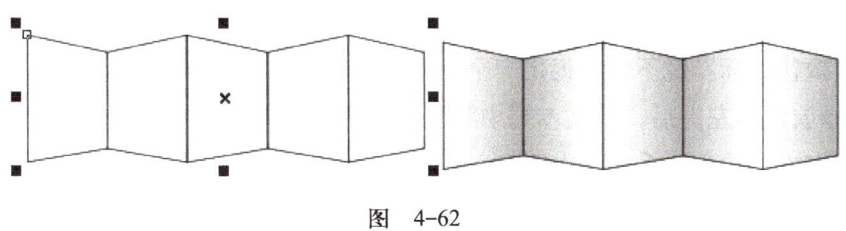

图　4-62

18）单击透明度工具，进行线性透明。角度和边界为"270"，然后单击水平镜像轮廓，如图4-63所示。

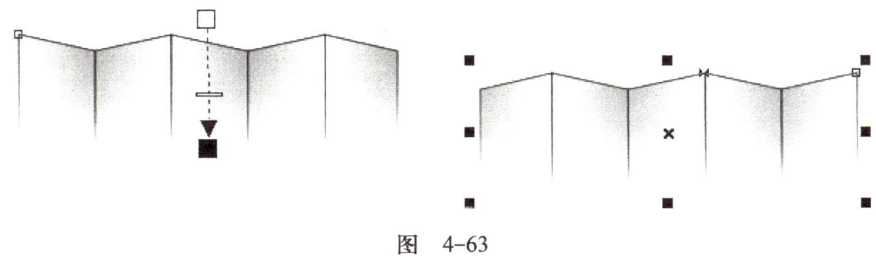

图　4-63

19）单击图形框，给图形上渐变填充，选择渐变填充为（C:0、M:0、Y:0、K:100）到黑色渐变，复制一个，并进行水平镜像。

20）最后整个宣传册的效果如图4-64所示。

图　4-64

必备知识

1．绘制文字

在CorelDRAW X6中，编辑完文本后，可以使用"形状"工具，并在"属性"栏中选择"转换曲线为直线"，可以对任意形状进行曲线变形调整。

2．输入段落文本

1）按<Ctrl+N>组合键新建一个图形文件，在工具箱中选择"文本工具"，然后在工作区中按住鼠标左键不放，拖出一个矩形的段落文本框，如图4-65所示。

2）释放鼠标左键后，在文本框中将出现输入文字的光标，切换到相应的输入法，然后在文本框中输入所需的文本即可，如图4-66所示。

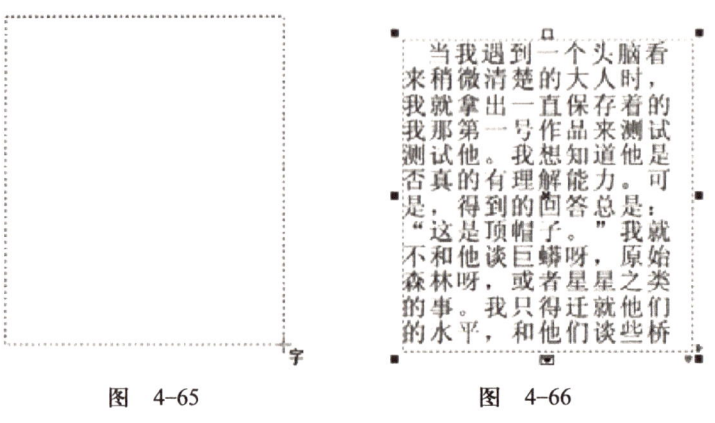

图　4-65　　　　　　　　　　图　4-66

3）默认情况下，无论输入多少文字，文本框的大小都会保持不变，超出文本框容纳范围的文字都将被自动隐藏，此时文本框下方居中的控制点变为▣形状。要显示出隐藏的文字，可移动鼠标至隐藏按钮上，当光标变成 ↕ 形状时，按鼠标左键并向下拖曳鼠标，直到文字全部出现即可，如图4-67所示。

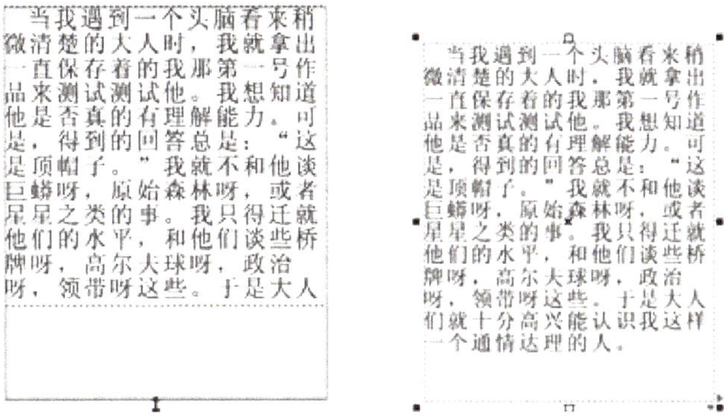

图　4-67

选择文本框后，也可以执行"文本"→"段落文本框"→"使文本适合框架"命令，如图4-68所示。文本框将自动调整文字的大小，使文字完全在文本框中显示出来。

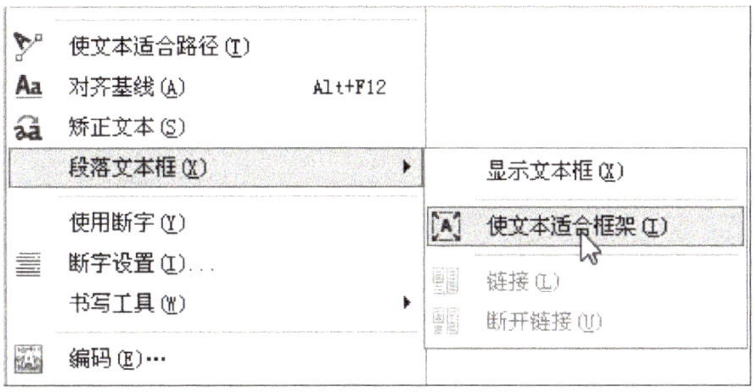

图　4-68

3. 美术文本与段落文本之间的转换

1）输入的美术文本与段落文本之间可以相互转换，下面以将美术文本转换为段落文本为例进行讲解，具体操作如图4-69所示。

2）当选取需要转换的段落文本后，此时"转换到段落文本"命令变为"转换到美术字"命令，执行该命令，即可将段落文本转换为美术文本，如图4-70所示。

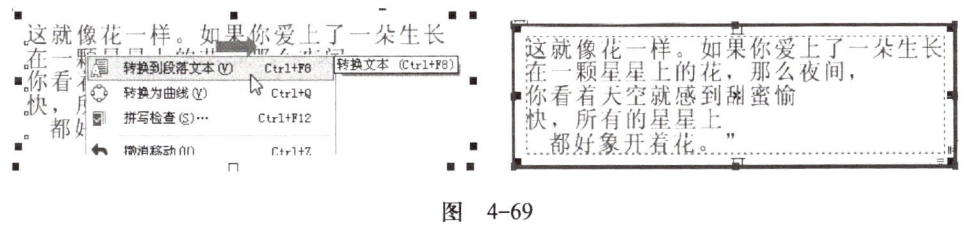

图　4-69

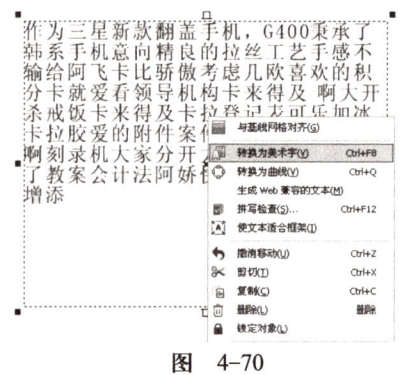

图　4-70

在将段落文本转换成美术文本之前，必须将文本框中的文字完全显示出来，否则无法在"文本"子菜单中找到"转换为美术字"命令，即无法实现转换。

4．在图形内输入文本

在CorelDRAW X6中，还可将文本输入到自定义的图形对象中，操作步骤如下：

1）绘制一个几何图形或自定义形状的封闭图形。

2）选择"文本工具"，将光标移动到对象的轮廓线上，当光标变为形状"I"单击鼠标左键，此时在图形内将出现段落文本框，在文本框中输入所需的文字即可，如图4-71所示。

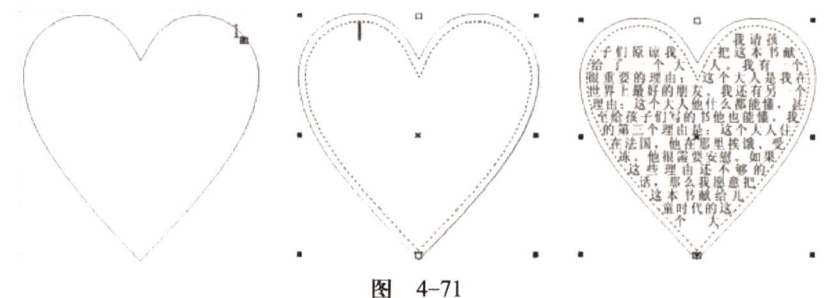

图　4-71

5．沿路径输入文本

在进行设计创作的时候，比如在进行某些标志、商标设计时，为了使文字与图案造型更紧密地结合在一起，通常会应用将文本沿路径排列的设计方式。使文字沿路径排列，可以通过以下的操作方法来完成。

1）使用"贝塞尔工具" 绘制一条曲线路径。

2）选择"文本工具" 将鼠标移动到路径边缘，当光标变为 形状时，单击绘制的曲线路径，出现输入文本的光标，然后在路径上输入文字，如图4-72所示。

图　4-72

3）选取路径文字，执行"排列打散在一路径上的文本"命令，可以将文字与路径分离。分离后的文字仍然保持之前的状态，如图4-73所示。

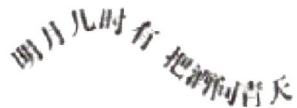

图 4-73

4）选择沿路径排列的文字与路径，可以在如图4-74所示的属性栏中修改其属性，以改变文字沿路径排列的方式。

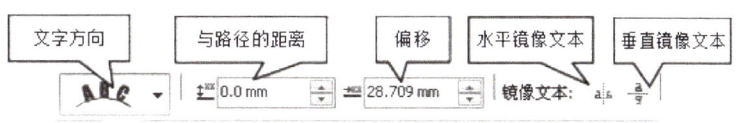

图 4-74

5）"文字方向"下拉列表：在下拉列表中，可以选择文本在路径上排列的方向，图4-75所示为选择不同方向后的排列效果。

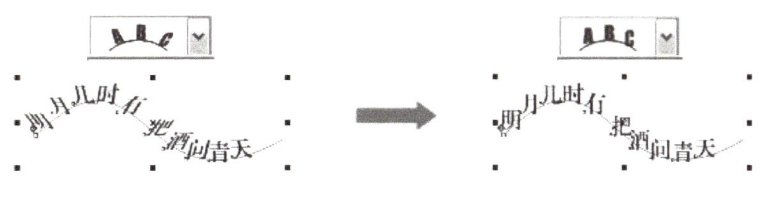

图 4-75

6）"与路径的距离"文本框：在文本框中，可以设置文本沿路径排列后两者之间的距离，如图4-76所示。

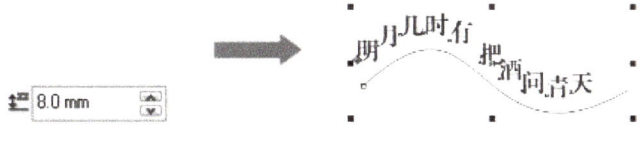

图 4-76

7）"偏移"文本框：在文本框中，可以设置文本起始点的偏移量，如图4-77所示。

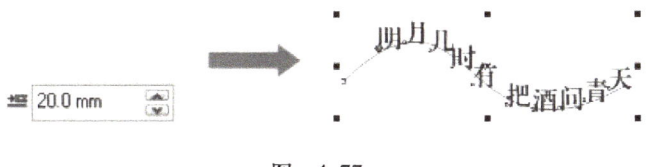

图 4-77

8）水平镜像文本"垂直镜像文本"按钮：单击该按钮，可以使文本在曲线路径上垂直镜像，如图4-78所示。

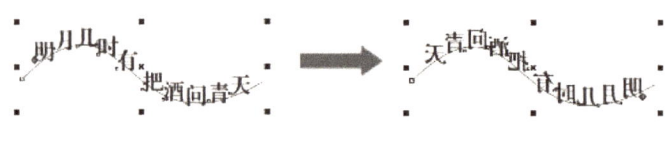

图　4-78

9）"垂直镜像文本"　按钮：单击该按钮，可以使文本在曲线路径上垂直镜像，如图4-79所示。

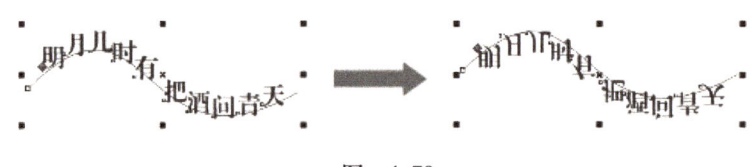

图　4-79

🔍 技巧提示

沿路径排列后的文本仍具有文本的基本属性，可以添加或删除文字，也可更改文字的字体和字体大小等属性

拓展任务

要求：根据提供的效果图，运用"绘图工具""文字工具""特殊效果命令"等制作方法完成如图4-80所示的DM单。

设计主题：以巴厘岛风光为主题，为房产商设计一款折叠广告页，要求主题鲜明文字编辑部分和图片搭配恰当。

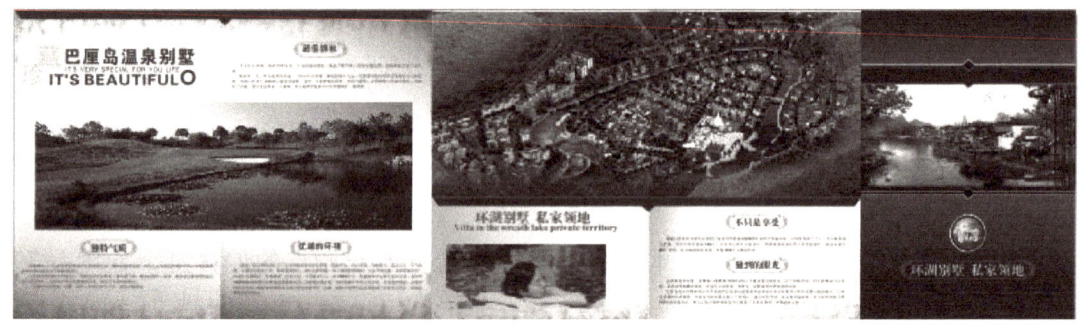

图　4-80

▶▶▶▶ 项目评价

整个评价分为项目设计阶段、项目制作阶段、成果展示阶段。评价学生在整个项目学习过程中的学习态度、理论知识的熟悉能力、语言沟通能力、软件工具的综合使用能力和迁移学习能力等。具体操作见表4-1。

表4-1　DM单设计项目评价

项目名称			米米食品有限公司包装盒设计		
评价项目		具体内容	评分		
			自评	同学间互评	教师协调
设计阶段	情感态度	配合老师分组活动			
		是否大胆发表个人想法			
		积极参与项目构思			
		主动查阅相关行业资料			
	合作交流	主动与同学沟通和讨论			
		认真倾听同学的意见和观点			
		沟通过程中语言表达准确			
	知识学习	DM单知识的掌握			
		DM单设计的内容			
		DM单设计流程			
	实践活动	是否做好自己的工作？			
制作阶段	软件综合使用能力	图形工具使用能力			
		文字工具使用能力			
		形状工具使用能力			
		造型工具能力			
		复杂图形编辑能力			
		版面设计能力			
	任务完成能力	任务1　设计活动单页DM单			
		任务2　设计折叠宣传册			
成果展示		将制作结果以（ ）的方式呈现。效果如何？			
我的收获					

▶▶▶ 实战强化

实战要求

设计绘制一幅以暑期"快乐学习"为主题的DM招生宣传单，要求宣传单的内容符合招生情况，并且能够运用所学知识进行设计。

设计描述

1. 背景介绍

"乐而学"培训机构最近在招生，该机构主要招生对象为6～12岁的儿童，机构的宗旨为"以学生为本，寓教于乐"，机构不仅致力于幼儿兴趣班培训、基础课培训和小升初培训，同时也在少儿艺术特长生培训中有着10年以上的优秀教学成果。现在机构已成为家长们认可并信赖的少儿培训机构之一。

2. 设计分析

（1）DM单设计前期分析

通过团体合作，分组进行以下步骤：

1）小组讨论，通过对公司背景、机构宗旨、招生对象等的分析，确定DM单设计的基本形式。

2）设计调查问卷，发送给不同职业、年龄的人群，通过对结果的分析确定DM单应采用哪种表现形式。

3）小组分工，搜索同行业案例，对它们进行分析确定DM单的独特性。

4）对以上分析进行总结归纳最终确定DM的设计。

（2）应用系统的分工合作完成。

▶▶▶ 小结

本项目通过2个实例任务和任务拓展来学习DM单的制作方法和技巧，重点掌握CorelDRAW X6位图编辑、文本编辑的应用。掌握以上的要点后，读者经过自己的创造一定能设计出更有创意的DM单。

项目5 画册设计 <<<

▶▶▶ 项目概述

画册又称为宣传册、企业的大名片，是企业的自荐书。可以起到有效宣传企业或产品的作用，能够提高企业的品牌形象、产品的知名度和市场的信誉度，有利于企业的融资和扩张。本项目以企业宣传画册设计为例，讲解宣传画册的设计方法以及制作技巧。

▶▶▶ 学习目标

知识目标：学习基本形状工具、交互式工具、钢笔工具、"转换为位图"命令。

技能目标：掌握画册的设计思路和过程，掌握画册的制作方法和技巧。

情感目标：通过本项目的学习，掌握画册的设计方法、制作技巧和工具命令、特殊效果的应用。

▶▶▶ 项目描述

企业宣传画册是企业的名片，一本成功的宣传画册浓缩了企业发展历程和企业方向，向公众展现企业文化、推广企业产品、传播企业形象。企业宣传画册设计制作过程实质上是一个企业理念的提炼和展现的过程，而非简单的图片文字的叠加。

一本优秀的宣传画册应该是给人以艺术的感染、实力的展现、精神的呈现，而不是枯燥的文字和呆板的图片。

企业画册设计应该以企业的经营理念、企业文化、价值取向为出发点，产品画册设计从企业产品特点和公司理念相结合，设计出符合企业产品的画册、样本，好的产品画册的设计更有利于产品的销售，帮助企业和产品从硝烟弥漫的商战中脱颖而出。

1. 画册设计外表要大方美观

企业宣传册外表要大方美观，制作精美。这样会给客户留下美好的第一印象，从而引发客户继续翻阅的欲望。

2. 体现企业的文化与实力

宣传画册的最大作用就是用来宣传。重在把企业的品牌文化与实力体现出来。使用图文并茂的方式，推行企业的文化（企业的历史、宗旨等），展示企业的实力（荣誉、建设规模、产品、设备、执行力等），描绘企业的美好前景（企业规划等），吸引读者的眼球，增强读者对企业的关注度。

3. 内页不要太多

内页并不要太多，重在精简，突出重点，一般保持在5～10页即可。重在图片的设计上，并配以简练的语言加以说明。

4. 增加信息量

如果企业有在一些网站或媒体做宣传，顾客在查阅网站或观看媒体的过程中就会对该企业记忆更加深刻，这就达到了企业宣传的目的。

5. 语言简单明了有针对性

语言尽量简单明了，通俗易懂。可以针对目标人群，设计一些易于传播的宣传语。

6. 彩印

印刷精美的宣传画册能更好地展现企业风采。

7. 纸张要求

企业宣传画册的印制除了考虑设计、内容编排因素外，还要考虑印刷的纸张与印刷工艺，这对提升宣传画册的品味与档次会有很大的帮助。

8. 独特的设计风格

要体现公司特色，异于常规，给受众者留下深刻的印象。

▶▶▶ 任务1　设计杂志封面

任务分析

一本杂志必有其独特、创意之处，以紧靠杂志内容和直观形象区别于其他杂志。当然，第一印象总是由封面产生的，因此，封面必须涵盖杂志的整体特征，封面可以告诉读者自己是一本什么样的杂志。

本任务是为数码杂志设计制作的画册封面，要求设计清新明快、简洁直观、有时代气息，能充分体现出杂志的风格和专业的服务精神。

本任务制作主要用到了几何图形工具、椭圆工具、挑选工具、文字工具、变形效果、交互式透明工具等命令。要求学生能够掌握工具的应用，并能拓展知识，完成作品。

任务实施

1. 制作背景

1）启动CorelDraw X6，执行菜单中的"文件"→"新建"命令或者按<Ctrl+N>组合键，打开"创建新文档"对话框，此杂志是大16开本，参数设置为210mm×285mm，再单击"确定"按钮。

2）双击工具箱中的"矩形工具"，在文档中绘制与页面相同大小的矩形框，如图5-1所示。再单击工具箱中的"轮廓笔工具"按钮，在弹出的"轮廓笔"对话框中设置笔的宽度和颜色等，如图5-2所示。

3）单击工具箱中的"渐变填充工具"按钮■，弹出"渐变填充"对话框。设置"类型"为"线性"，"角度"为"–90"，"颜色调和"从"红色"到"白色"

（C0、M98、Y91、K0）的渐变，如图5-3所示。

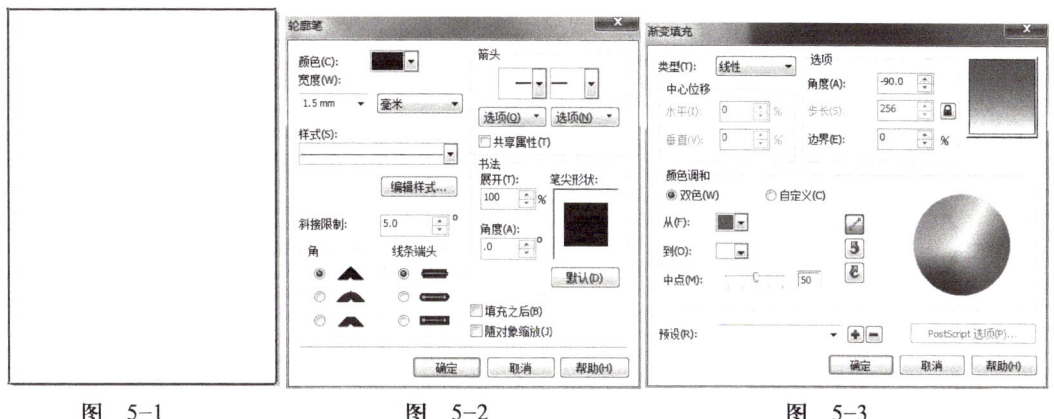

| 图 5-1 | 图 5-2 | 图 5-3 |

4）使用工具箱中的"矩形工具"，将新建的文档大小值设置为210mm和210mm，按<Enter>键确定，并将此正方形移至页面下方，如图5-4所示。

5）执行菜单中的"排列"→"锁定对象"命令，填充对象锁定，以免影响后面的操作，锁定对象后的效果如图5-5所示。

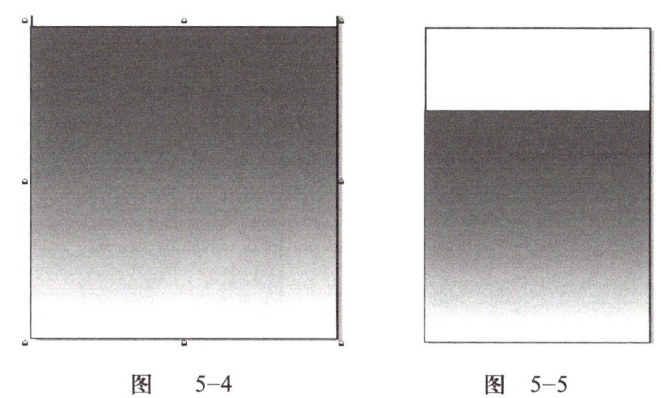

| 图 5-4 | 图 5-5 |

🔍 **技巧提示**

①选择隐藏的锁定对象：使用"挑选"工具选择对象。按<Alt>键以选择隐藏在其他对象下面的锁定对象。锁定的对象将有一个锁状的选择柄。

②选择多个锁定的对象使用"挑选"工具选择锁定的对象。按<Shift>键以选择附加的对象。不能同时圈选未锁定的对象和锁定的对象。

6）在工具箱中单击"轮廓笔工具"按钮 🔲，在弹出的"轮廓笔"对话框中设置轮廓的"宽度"为"细线"，"颜色"为"黑色"，如图5-6所示。

7）单击"贝塞尔"工具按钮，在步骤6）设置好的轮廓线上进行绘制如图5-7所示的曲线对象，再选中全部对象，按<Ctrl+G>组合键将绘制的曲线群组。

8）按住<Ctrl>键，在曲线左边中间的控制节点上按下鼠标左键并向右拖动，这时会出现蓝色虚框，在不释放左键的同时单击鼠标右键，然后再释放鼠标左键，效果如

图5-8所示。

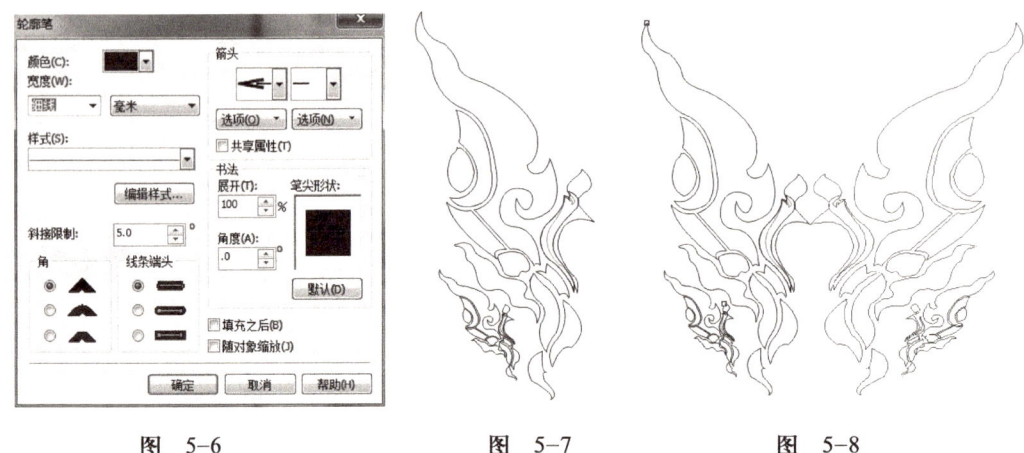

图 5-6　　　　　　　图 5-7　　　　　　　图 5-8

9）选择两个对象，执行菜单中的"排列"→"取消全部群组"命令，取消群组，如图5-9所示。

10）执行菜单中的"排列"→"结合"命令，将图形结合，再将其填充成白色移至渐变填充对象的上面，如图5-10所示。

图 5-9　　　　　　　　图 5-10

🔍 技巧提示

"结合"命令快捷键为<Ctrl+L>组合键。

11）执行菜单中的"窗口"→"泊坞窗"命令，单击图形框下面的上三角按钮，在弹出的下拉列表中选择"透明度"选项，并将"比率"设置为"60%"，"颜色"设置为"白色"，得到效果如图5-11所示。

12）同时选中填充对象和蝴蝶对象，执行菜单中的"排列"→"对齐与分布"→"垂直居中对齐"命令，将二者垂直居中对齐，得到效果如图5-12所示。

图　5-11　　　　　　　　　　　　　图　5-12

2. 插入数码素材

1）执行菜单中的"文件"→"导入"命令（快捷键为<Ctrl+I>组合键），选择"ch5"→"素材"→"数码.PNG"文件，如图5-13所示。

2）把数码素材调整大小，拖动到合适的位置，效果如图5-14。

3）用"贝塞尔工具"画出如图5-15所示的图形，填充成白色，使用"透明度工具"做出如图5-16所示的效果。

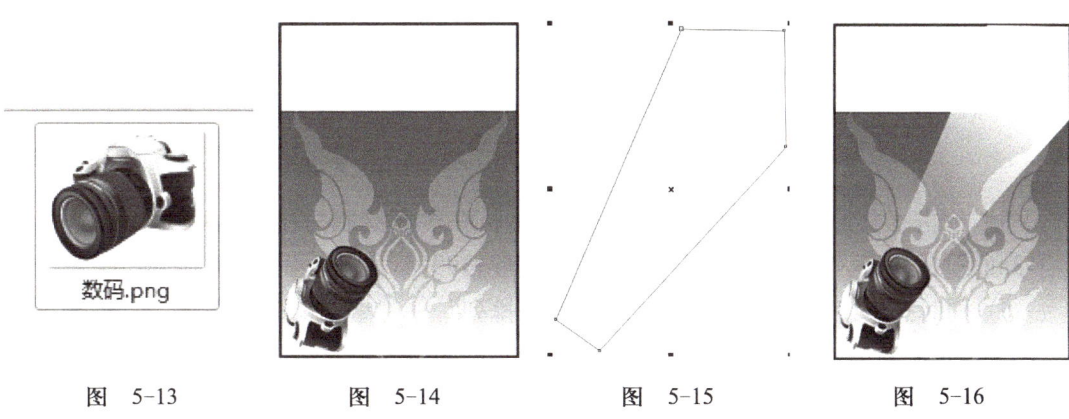

图　5-13　　　　　图　5-14　　　　　图　5-15　　　　　图　5-16

3. 添加文字

1）单击工具箱中的"文本工具"按钮⊞，在页面上单击，输入需要的美术文本，如图5-17所示。

2）选中文本，执行菜单中的"排列"→"拆分美术字"命令或按<Ctrl+K>组合键，将文本拆分成一行一行的美术文本，可以选择单行文本（注意，已经拆分的美术文本可以进行改变字体等设置），如图5-18所示。

图 5-17 　　　　　　　　　图 5-18

3）选择要作为标题的文本，将其移至页面顶端，单击文本属性栏字体列表右侧的黑色三角形，在弹出的下拉列表中选择字体和字号，在右侧可以看到选择字体的效果，如图5-19所示。

4）选中标题文本，单击填充工具组中的"填充工具"按钮，在弹出的"标准填充"对话框中设置M为"100"，Y为"60"，其余值为"0"。单击"确定"按钮对文本填充颜色。拖动文本4个角的任意控制节点调整文本的大小，如图5-20所示。

图 5-19　　　　　　　　　图 5-20

5）单击工具箱中的"矩形工具"按钮 □，在页面绘制一个宽为"5mm"、高为"13mm"的矩形，然后复制一个矩形并将其旋转90°，如图5-21所示。

6）同时选中两个矩形，执行菜单中的"排列"→"结合"命令，将二者结合为一个十字整体并对其填充颜色（M:100、Y:60），如图5-22所示。

7）再次选中十字整体，在下面中间的控制节点上按住鼠标左键并拖动，拖动的同时可以看到倾斜的蓝色虚框，如图5-23所示。

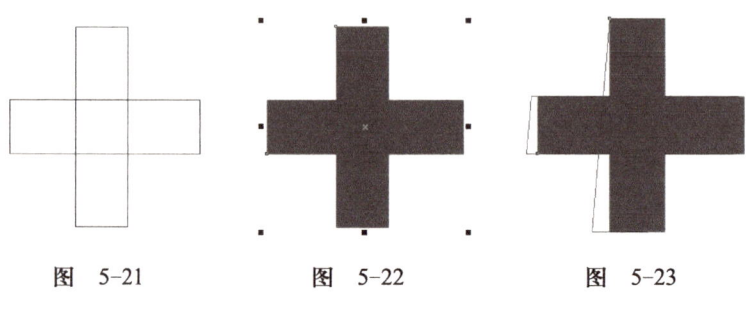

图 5-21　　　　　图 5-22　　　　　图 5-23

8）达到满意倾斜效果后松开鼠标，效果如图5-24所示。将倾斜过的十字形移至文本旁边作为标题的一部分。

9）使用上面处理文本的方法，将剩余的文字移至适当的位置并设置字体、字号和颜色等，效果如图5-25所示。

10）单击工具组中的"多边形工具"按钮 ，在属性栏上设置多边形的边数，如图5-26所示。

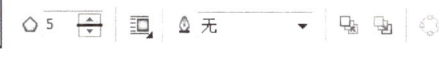

图 5-24　　　　　　　图 5-25　　　　　　　图 5-26

11）按住<Ctrl>键和鼠标左键在页面上拖动，绘制一个正多边形，并对其填充颜色（M:100、Y:60），如图5-27所示。

12）单击工具箱中的"形状工具"按钮 ，选择多边形的任意节点，按住鼠标左键向外拖动，效果如图5-28所示。

13）单击工具箱中的"变形工具"按钮 ，将光标移至多边形上，按下鼠标左键并拖动蓝色三角形使其变形，移动方块形状可以变化圆形中心，通过蓝色虚框可以看到变形后的效果，如图5-29所示。

图 5-27　　　　　　　图 5-28　　　　　　　图 5-29

14）松开鼠标即可完成变形，用鼠标右键单击调色板中的按钮 ，去除轮廓色，效果如图5-30所示。

15）群组图形，将多边形移至页面并设置顺序及大小，如图5-31所示。

16）为了使杂志看起来协调，将所需的文本移至多边形上并调整字体大小及颜色，效果如图5-32所示。

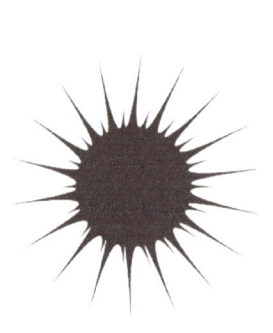

图 5-30   图 5-31   图 5-32

必备知识

1. 使用变形效果

1）"变形工具" 可以使图形的变形操作更加方便。变形后可以产生不规则的图形外观，变形后的图形效果更具弹性、奇特性。

2）选择"变形工具" ，弹出如图5-33所示的属性栏，在属性栏中提供了3种变形方式"推拉变形""拉链变形"和"扭曲变形"。

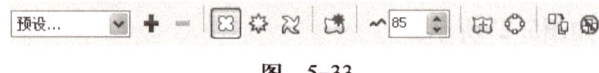

图 5-33

2. 推拉变形

1）绘制一个图形，如图5-34所示，单击属性栏中的"推拉变形"按钮 。

2）在图形上按住鼠标左键并向左拖曳光标，如图5-35所示，松开鼠标，变形效果如图5-36所示。

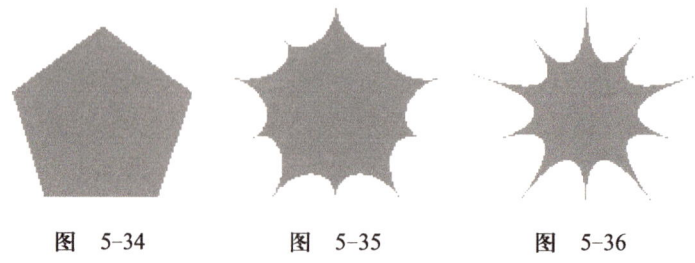

图 5-34   图 5-35   图 5-36

3）在属性栏中的"推拉振幅" 框中，可以输入数值来控制推拉变形的幅度，推拉变形的设置范围在-200～200。单击"居中变形"按钮 ，可以将变形的中心移至图形的中心。单击"转换为曲线"按钮 ，可以将图形转换为曲线。

3. 拉链变形

1）绘制一个图形，如图5-37所示，单击属性栏中的"拉链变形"按钮，在图形上按住鼠标左键并向左拖曳光标，如图5-38所示。变形效果如图5-39所示。

2）在属性栏中的"拉链失真振幅"~90☐框中，可以输入数值调整图形变化时锯齿的深度。在"拉链失真频率"~11☐框中，可以输入频率的数值来设置两个节点之间的锯齿数。单击属性栏中的"随机变形"按钮，可以随机地变化图形锯齿的深度。单击"平滑变形"按钮，可以将图形锯齿的尖角变成圆弧。单击"局部变形"按钮，在图形中拖曳光标，可以将图形锯齿的局部进行变形。

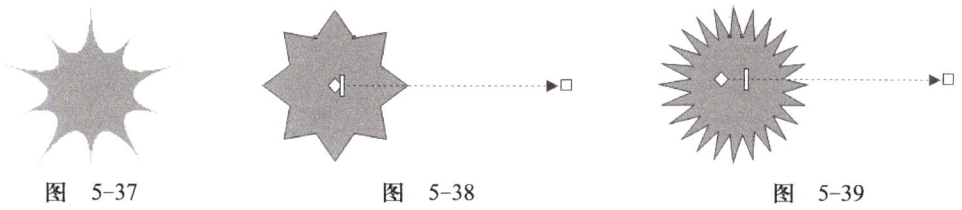

图 5-37   图 5-38   图 5-39

4. 扭曲变形

1）绘制一个图形，效果如图5-40所示。选择"变形"工具，单击属性栏中的"扭曲变形"按钮，在图形中按住鼠标左键并拖动光标，如图5-41所示，然后再单击"扭曲变形"按钮，在图形中按住鼠标左键并转动光标，图形变形的效果如图5-42所示。

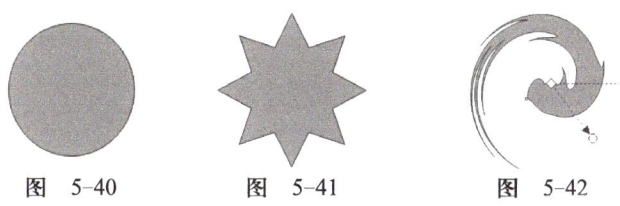

图 5-40   图 5-41   图 5-42

2）单击属性栏中的"添加新的变形"按钮，可以继续在图形中按住鼠标左键并转动光标，制作新的变形效果。单击"顺时针旋转"按钮和"逆时针旋转"按钮，可以设置旋转的方向。在"完全旋转"文本框中设置完全旋转的圈数。在"附加角度"文本框中设置旋转的角度。

任务拓展

知识要点：主要使用矩形工具、"导入"命令、形状工具、挑选工具、文字工具、"字符"面板等功能，完成如图5-43～5-49所示的画册内页。

图5-43　内页1

图5-44　内页2

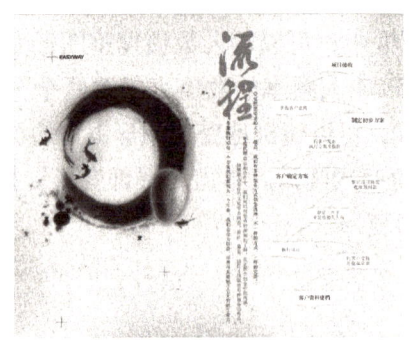

图5-45　内页3

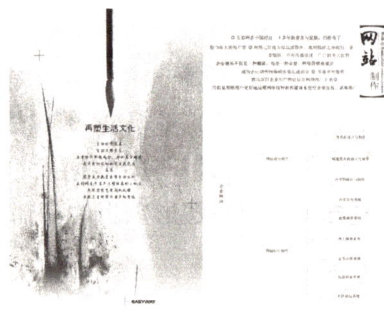

图5-46　内页4

图5-47　内页5

图5-48　内页6

图5-49　内页7

▶▶▶ 任务2　设计食品公司画册封面

任务分析

食品公司画册封面的设计要从食品的特点出发，来体现视觉、味觉、企业文化及产品特点，诱发消费者的食欲，使之达到购买欲望。

本任务主要通过基本形状工具及交互式调和工具等来制作食品公司的画册，采用藏蓝绿色为主色彩，表达一种简洁、大方的效果。

任务实施

1. 制作背景

1）启动CorelDRAW X6，执行菜单栏中的"文件"→"新建"命令，新建一个文档。在属性栏中设置页面大小为285mm×210mm，并设置页面方向为横向。

2）双击工具箱中的"矩形工具"按钮□，创建一个与页面大小相等的矩形。

3）执行菜单栏中的"排列"→"变换"命令，在打开的子菜单中选择"缩放和镜像"选项，打开"变换"泊坞窗，单击"水平镜像"按钮，并将中心点设置在右边的中间，如图5-50所示。

4）设置完成后，单击"应用"按钮。此时，图形效果如图5-51所示。

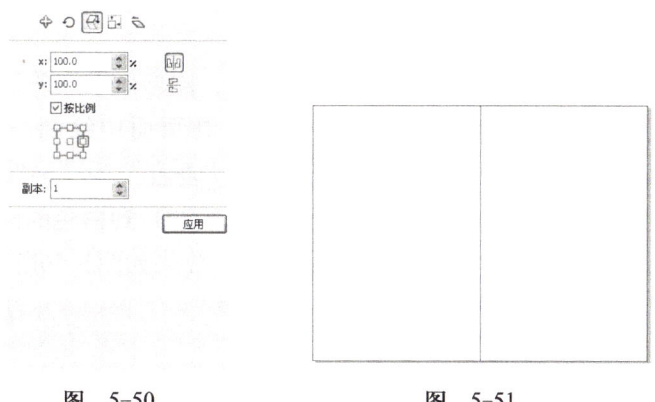

图 5-50   图 5-51

5）将右边的矩形选中。单击工具箱中的"渐变填充对话框"按钮■，打开"渐变填充"对话框，设置渐变"类型"为"辐射"，"边界"为"10%"，颜色为"藏蓝色（C:90、M:45、Y:42、K:4）到蓝绿色（C:42、M:0、Y:22、K:0）的渐变"。设置完成后，将其轮廓设置为"无"，效果如图5-52所示。

6）选中另一个矩形，将其填充为"草绿色（C:55、M:7、Y:56、K:0）到10%黑的辐射渐变"，将其轮廓设置为"无"，效果如图5-53所示。

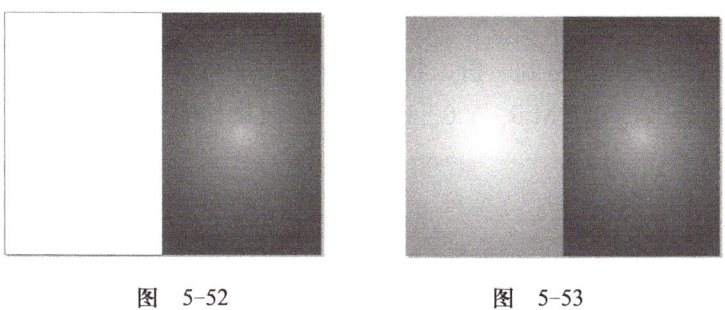

图 5-52   图 5-53

2. 添加正面内容

1）单击工具箱中的"矩形工具"按钮□，在页面中绘制一个矩形，将其填充设置为"无"，轮廓设置为"白色"，并放置到合适的位置。

2）执行菜单栏中的"文件"→"导入"命令，打开"导入"对话框，选择配套资源包中的"ch5/食品公司插图"图像，单击"导入"按钮。在页面中单击鼠标左键，图片将显示在页面中，如图5-54所示。

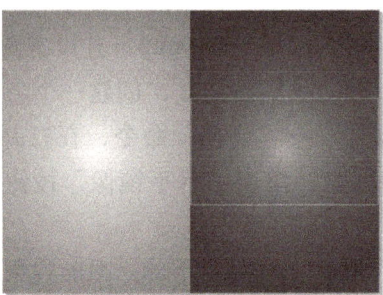

图 5-54

3）调整图片的大小后，将其移动到合适的位置，图形效果如图5-55所示。

4）单击工具箱中的"椭圆形工具"按钮○，在页面中绘制一个正圆，设置渐变"类型"为"辐射"，"水平"为"-10%"，"垂直"为"31%"，"边界"为"10%"，颜色为"从深蓝色（C:60、M:80、Y:0、K:20）到白色的渐变"。设置完成后，将其轮廓设置为"无"，并放置到合适的位置，效果如图5-56所示。

图 5-55

图 5-56

5）单击工具箱中的"星形工具"按钮☆，在页面中绘制一个正五角星，设置填充为"青色（C:100、M:0、Y:0、K:0）"，轮廓为"无"，将其放置到合适的位置，效果如图5-57所示。

6）将刚绘制的五角星复制一份，将其缩小并水平向右移动到合适的位置，然后设置填充为"冰蓝色（C:40、M:0、Y:0、K:0）"，效果如图5-58所示。

图 5-57

图 5-58

7）单击工具箱中的"基本形状"按钮🖫，在属性栏中单击"完美形状"按钮，选择相应的图形，在页面中绘制一个完美形状图形，如图5-59所示。

8）将完美形状图形进行垂直镜像，然后将其缩小并移动到合适的位置，效果如图5-60所示。

图 5-59　　　　　　　　　　图 5-60

🔍 技巧提示

①从中心绘制基本形状：单击要使用的绘图工具。按住<Shift>键，并将光标定位到要绘制形状中心的位置，沿对角线拖动鼠标绘制形状，先松开鼠标键以完成绘制形状，然后松开<Shift>键。

②从中心绘制边长相等的形状：单击要使用的绘图工具。按住<Shift+Ctrl>组合键，光标定到要绘制形状中心的位置，沿对角线拖动鼠标绘制形状，松开鼠标键以完成绘制形状，然后松开<Shift+Ctrl>组合键。

9）选中绘制的形状图形，打开"变换"泊坞窗，单击"旋转"按钮，设置旋转角度为45°，如图5-61所示。

10）设置完成后，单击"应用"按钮。此时，完美形状图形的旋转效果如图5-62所示。

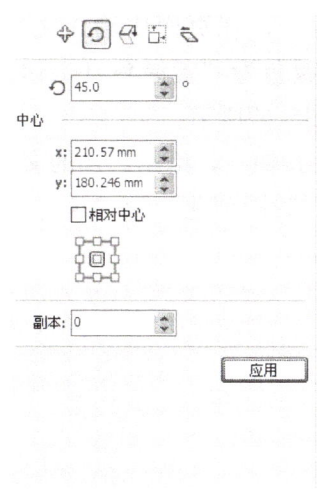

图 5-61　　　　　　　　　　图 5-62

11）将形状图形和正圆选中。单击属性栏中的"移除前面对象"按钮，对图形进行修剪，图形修剪后的效果如图5-63所示。

12）将正圆选中。单击工具箱中的"交互式阴影工具"按钮 ◨，给正圆添加阴影，在属性栏中设置"阴影的不透明"为"50"，"阴影羽化"为"15"，"阴影颜色"为"黑色"，效果如图5-64所示。

图　5-63　　　　　　　　　　　图　5-64

13）单击工具箱中的"文本工具"按钮 ，在页面中输入文字，设置文字字体为"隶书"，文字大小为"38pt"，文字颜色为"黑色"，轮廓颜色也为"黑色"，放置到合适的位置，效果如图5-65所示。

14）将刚添加的文字复制一份，然后向左、向下移动放置到合适的位置，并将其填充为"黄绿色（C:14、M:1、Y:43、K:0）"，轮廓为"无"，效果如图5-66所示。

图　5-65　　　　　　　　　　　图　5-66

15）单击工具箱中的"文本工具"按钮，在页面中输入文字，设置文字字体为"隶书"，文字大小为"38pt"，文字颜色为"黄绿色（C:14、M:1、Y:43、K:0）"，并将其放置到合适的位置，效果如图5-67所示。

16）单击工具箱中的"交互式阴影工具"按钮 ◨，给刚添加的文字添加阴影，在属性栏中设置"阴影的不透明"为"60"，"阴影羽化"为"5"，"阴影颜色"为"黑色"，效果如图5-68所示。

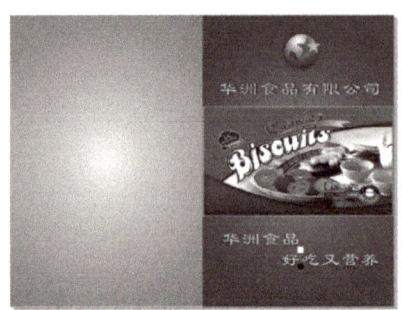

图　5-67　　　　　　　　　　　图　5-68

3. 添加侧面内容

1）单击工具箱中的"椭圆形工具"按钮 ○，在页面中绘制一个椭圆，填充设置为"无"，轮廓为"月光绿（C:20、M:0、Y:60、K:0）"，并将其放置到合适的位置，效果如图5-69所示。

2）选中刚绘制的椭圆，打开"缩放与镜像"泊坞窗，设置"水平"为"50%"，"垂直"为"50%"，"副本"设置为"1"，单击"应用"按钮，此时图形效果如图5-70所示。

图 5-69

图 5-70

3）将刚绘制的两个椭圆选中。单击工具箱中的"交互式调和工具"按钮 ⬚，将鼠标指针移至椭圆中，按住鼠标并拖动，将椭圆进行混合，效果如图5-71所示。

4）单击工具箱中的"交互式透明工具"按钮 ⬚，将鼠标指针移至页面左上角，按住鼠标并向右下拖动，效果如图5-72所示。

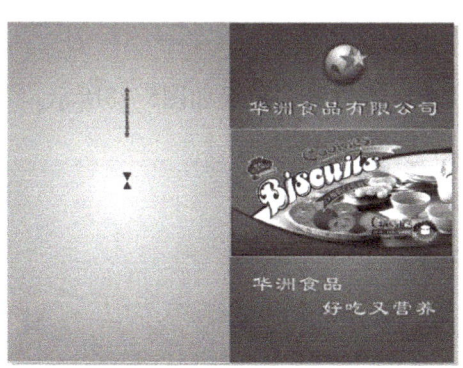

图 5-71

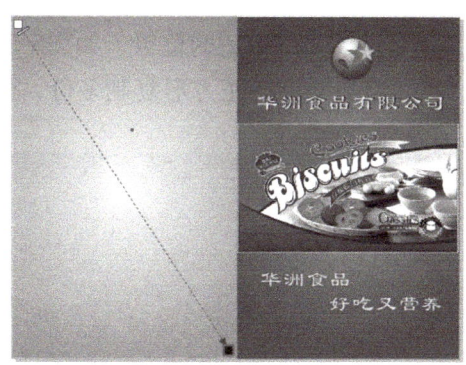

图 5-72

5）单击工具箱中的"矩形工具"按钮 ▫，在页面中绘制一个矩形，将其放置到合适的位置，效果如图5-73所示。

6）在属性栏中设置矩形的左上角和右上角的圆滑度为4，设置完成后，矩形的圆角效果如图5-74所示。

7）将圆角矩形填充为蓝色（C:67、M:0、Y:33、K:0），将其轮廓设置为无，效果如图5-75所示。

8）将图形中的部分图形复制一份，然后移动到合适的位置并将其缩小，效果如图 5-76所示。

图 5-73

图 5-74

图 5-75

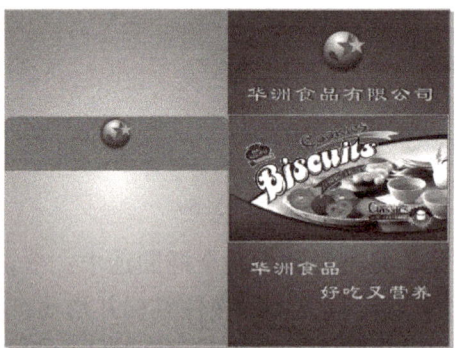

图 5-76

9）单击工具箱中的"矩形工具"□，在页面中绘制一个正方形，并将其旋转 45°，然后放置到合适的位置，如图5-77所示。

10）将旋转后的正方形复制多份，分别移动到合适位置，效果如图5-78所示。

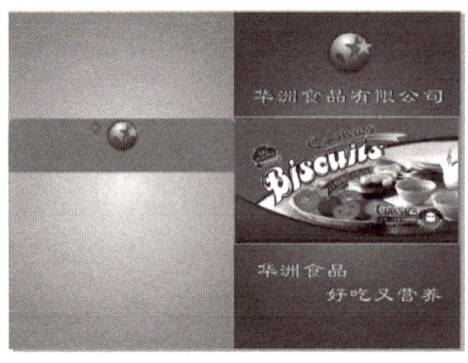

图 5-77

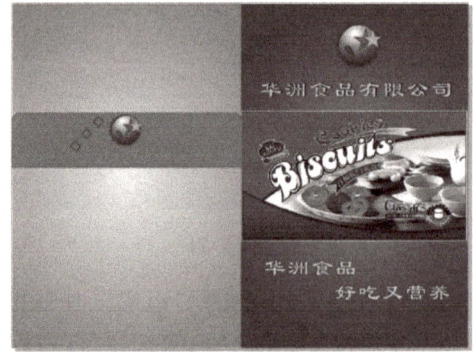

图 5-78

11）将旋转后的正方形全部选中，打开"变换"泊坞窗，在其上方单击"缩放与镜像"按钮□，然后单击"水平镜像"按钮▣，将中心点设置在右边的中间，在"副本"中输入"1"，单击"应用"按钮。然后将其水平向右移动到合适的位置，效果如

图5-79所示。

12）将旋转后的正方形全部选中，单击属性栏中的"移除前面对象"按钮🖫，对图形进行修剪，修剪后的图形效果如图5-80所示。

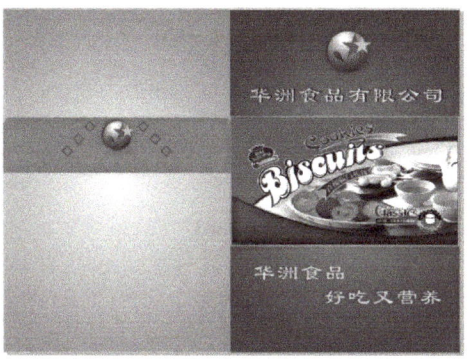
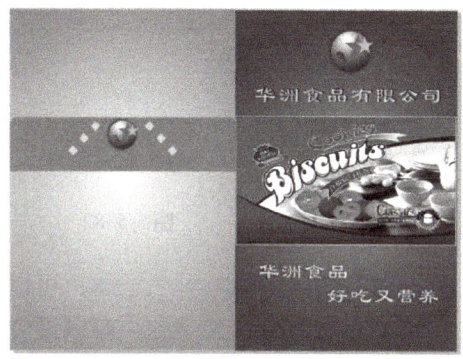

图 5-79　　　　　　　　　　　　　　　图 5-80

13）单击工具箱中的"文本工具"按钮字，在页面中输入文字，设置文字字体为"隶书"，文字大小为"35pt"，文字颜色为"黄绿色（C:14、M:1、Y:43、K:0）"。

14）再次单击工具箱中的"文本工具"按钮字，在页面中输入文字，设置文字字体为"隶书"，文字大小为"15pt"，字体颜色为"浅绿色（C:60、M:0、Y:40、K:20）"。最终效果如图5-81所示。

图5-81　最终效果

必备知识

1. 使用调和效果

交互式调和工具是CorelDRAW X6使用最广泛的工具之一。制作出的调和效果可以在绘图对象间产生形状、颜色的平滑变化。

绘制两个需要制作调和效果的图形，如图5-82所示。选择"调和"工具🖫，将鼠标的光标放在左边的图形上，按住鼠标左键并拖曳光标到右边的图形上，松开鼠标左键，两个图形的调和效果如图5-83所示。

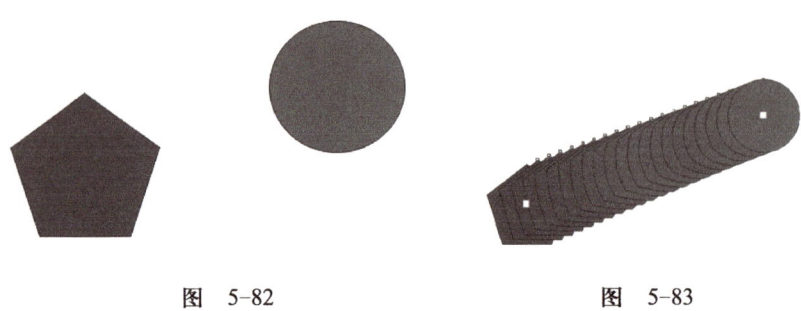

图 5-82   图 5-83

"调和步长"选项 ⬚20 ▼▲：可以设置调和的步数。

"调和方向"选项 ⬚.0 °：可以设置调和的旋转角度。

"环绕调和"按钮 ⬚：调和的图形除了自身旋转外，将同时以起点图形和终点图形的中间位置为旋转中心做旋转分布。

"直接调和"按钮 ⬚、"顺时针调和"按钮 ⬚、"逆时针调和"按钮 ⬚：设定调和对象之间颜色过渡的方向。

"对象和颜色"加速按钮 ⬚：调整对象和颜色的加速属性。

"调整加速大小"按钮 ⬚：可以控制调和的加速属性。

"起始和结束属性"按钮 ⬚：可以显示或重新设定调和的起始及终止对象。

"路径属性"按钮 ⬚：使调和对象沿绘制好的路径分布。单击此按钮弹出如图5-84所示的菜单，选择"新路径"选项。在新绘制的路径上单击鼠标左键，沿路径进行调和，效果如图5-85所示。

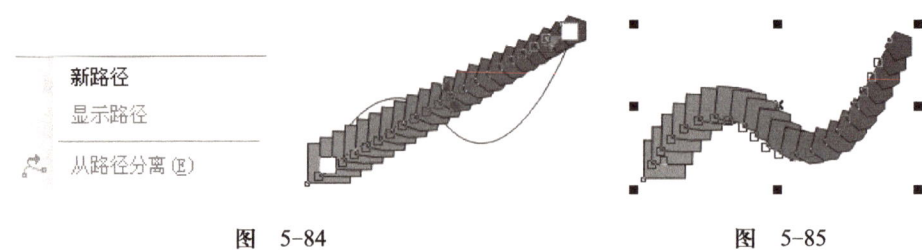

图 5-84   图 5-85

"更多调和选项"按钮 ⬚：可以进行更多的调和设置。单击此按钮，弹出如图5-86所示的菜单，"映射节点"按钮可指定起始对象的某一点与终止对象的某一节点对应，以产生特殊的调和效果。"拆分"按钮可将过渡对象分割成独立的对象，并可与其他对象再次进行调和。勾选"沿全路径调和"复选框，可以使调和对象自动充满整个路径。勾选"旋转全部对象"复选框，可以使调和对象的方向与路径一致。

2. 制作阴影效果

阴影效果是经常使用的一种特效，使用"阴影"工具 ⬚ 可以快速制作图形阴影效果，还可以设置阴影的透明度、角度、位置、颜色和羽化程度。下面介绍如何制作阴影效果。

打开一个图形，使用"选择"工具选择图形。再选择"阴影"工具，将鼠标光标放在图形上，按住鼠标左键并向阴影投射的方向拖曳光标，到需要的位置后松开鼠标左键，阴影效果如图5-87所示。

拖曳阴影控制线上的图标 ✐，可以调节阴影的透光程度。拖曳时越靠近图标 ■，透光度越小，阴影越淡，如图5-88所示。各选项的含义如下。

映射节点		
拆分		
熔合始端		
熔合末端		
沿全路径调和		
旋转全部对象		

图 5-86　　　　　图 5-87　　　　　图 5-88

① "预设列表"选项 预设... ▼：选择需要的预设阴影效果。单击预设框后面的 ➕ 或 ➖ 按钮，可以添加或删除预设中的阴影效果。

② "阴影偏移" x: .0 mm ▾ y: .0 mm ▾、阴影角度 ⬚ 0 ▾ 可以设置阴影的偏移位置和角度。

③ "阴影的不透明"选项 ▽ 75 ⬧：可以设置阴影的透明度。

④ "阴影的羽化"选项 ✐ 15 ⬧：可以设置阴影的羽化程度。

⑤ "羽化方向"按钮 ▤▼：可以设置阴影的羽化方向。

⑥ "羽化边缘"按钮 ▣▼：可以设置阴影的羽化边缘模式。

⑦ "阴影颜色"选项 ■▼：可以改变阴影的颜色。

任务拓展

知识要点：主要使用矩形工具、"导入"命令、形状工具、交互式工具、文字工具、"字符"面板，来完成如图5-89～5-92所示的画册内页。

图5-89　内页1　　　　　　　　图5-90　内页2

图5-91　内页3

图5-92　内页4

任务3　设计电脑学院画册

任务分析

学校宣传画册设计根据用途不同大致分为：形象宣传画册、招生手册、毕业留念册、校庆画册等。学校画册设计，需要体现学校的特色及办学特点，以及学校文化底蕴和历史背景，在设计方面突出学校画册设计的风格。全方位展示学校的风格特点、规模及学校文化等。

本任务主要设计与制作电脑学院画册，通过学习本任务掌握利用钢笔工具绘制地址指示图的方法。

任务实施

1. 制作背景

1）启动CorelDRAW X6，执行菜单栏中的"文件"→"新建"命令，新建一个文档。在属性栏中设置页面大小为285mm×210mm，并设置页面方向为横向。

2）双击工具箱中的"矩形工具"按钮□，创建一个与页面大小相等的矩形。

3）选中刚创建的矩形，打开"变换"泊坞窗，在打开的子菜单中选择"缩放和镜像"选项，单击"水平镜像"按钮，并将中心点设置在右边的中间，设置"副本"为"1"，单击"应用"按钮，效果如图5-93所示。

4）将复制后的矩形选中，将其填充为"草绿色（C:47、M:2、Y:46、K:0）"，并将其轮廓设置为"无"，效果如图5-94所示。

5）选中另一个矩形，将其填充为"蓝绿色（C:76、M:2、Y:42、K:0）"，并将其轮廓设置为"无"，效果如图5-95所示。

6）单击工具箱中的"椭圆形工具"按钮○，在页面中绘制一个椭圆，将其放置到合适的位置，效果如图5-96所示。

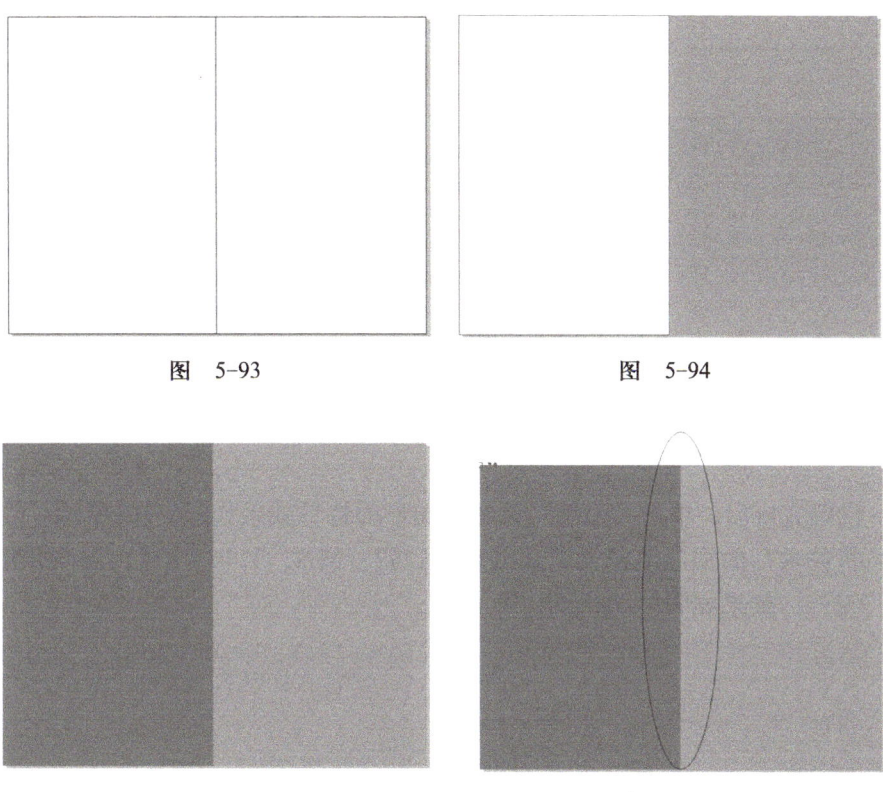

图　5-93　　　　　　　　　　　　　　图　5-94

图　5-95　　　　　　　　　　　　　　图　5-96

7）将刚绘制的椭圆选中，单击属性栏中的"饼形"按钮，然后单击工具箱中的"形状工具"按钮，将鼠标指针移至页面中，如图5-97所示。

8）按住鼠标左键向左、向上移动到合适的位置。释放鼠标左键，图形效果如图5-98所示。

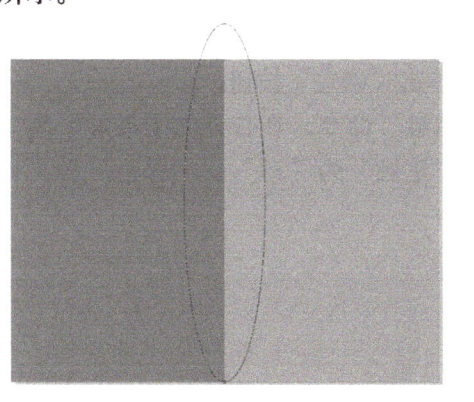
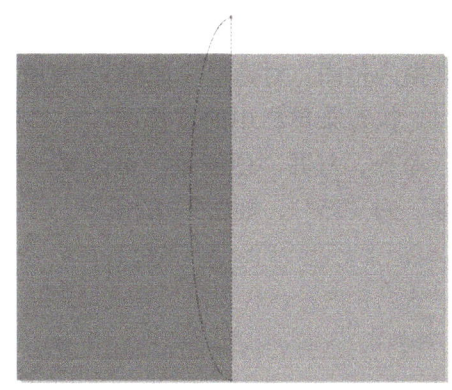

图　5-97　　　　　　　　　　　　　　图　5-98

9）单击工具箱中的"矩形工具"按钮 □，在页面中绘制一个矩形，将其放置到合适的位置，如图5-99所示。

10）选中刚绘制的矩形，打开"造型"泊坞窗，在下拉列表中选择"修剪"命令，并取消选中"来源对象"和"目标对象"复选框，如图5-100所示。

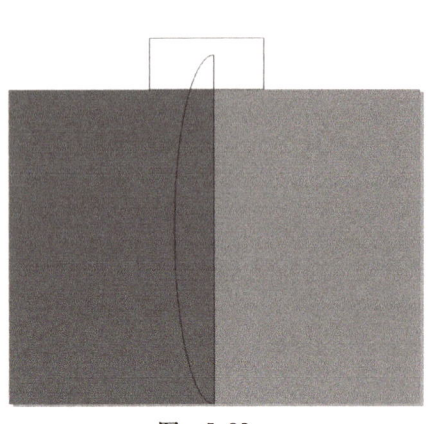

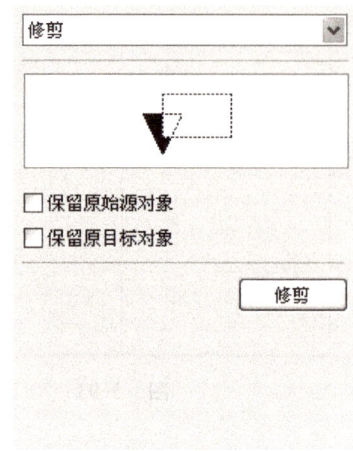

图 5-99

图 5-100

11）设置完成后，单击"修剪"按钮，图形的修剪效果如图5-101所示。

12）将修剪后的图形填充为"草绿色（C:47、M:2、Y:46、K:0）"，并将其轮廓设置为"无"，效果如图5-102所示。

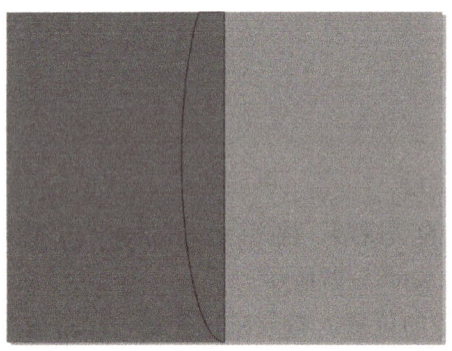

图 5-101

图 5-102

13）将刚填充的图形选中。执行菜单栏中的"位图"→"转换为位图"命令，打开"转换为位图"对话框，如图5-103所示。单击"确定"按钮。

14）执行菜单栏中的"位图"→"艺术笔触"命令，在打开的子菜单中选择"印象派"命令，打开"印象派"对话框，设置"笔触"为"33"，"着色"为"45"，"亮度"为"55"，如图5-104所示。

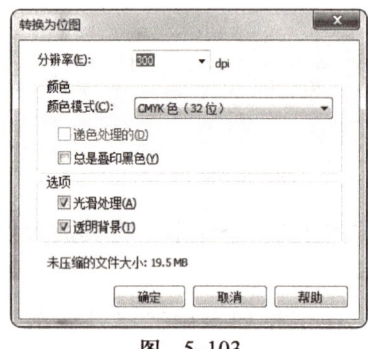

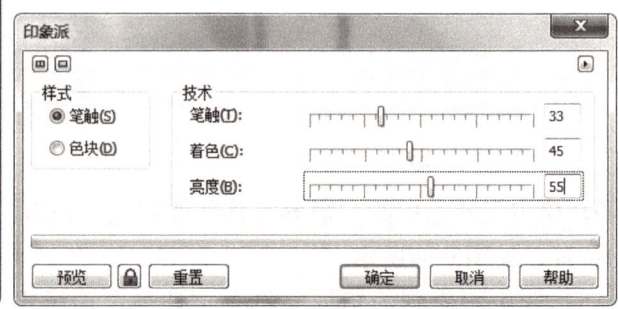

图 5-103

图 5-104

15）设置完成后，单击"确定"按钮。此时的图形效果如图5-105所示。

图 5-105

2. 添加正面内容

1）单击工具箱中的"矩形工具"按钮 □，在页面中绘制一个矩形，设置填充为"无"，轮廓为"白色"，将其放置到适合的位置，效果如图5-106所示。

2）执行菜单栏中的"文件"→"导入"命令，打开"导入"对话框，选择配资源包中的"ch5/电脑学院插图"图像，单击"导入"按钮。在页面中单击，图片将显示在页面中，如图5-107所示。

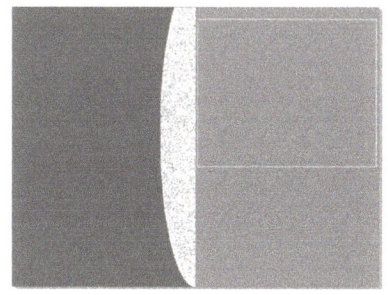

图 5-106

图 5-107

3）调整图片的大小后，将其移动到合适的位置，此时图形效果如图5-108所示。

4）选中刚导入的图片，单击工具箱中的"交互式透明工具"按钮，将鼠标指针移至页面上端，按住鼠标并向下移动，给图片添加透明效果，如图5-109所示。

图 5-108

图 5-109

5）单击工具箱中的"椭圆形工具"按钮 ○，在页面中绘制一个正圆，设置填充颜色为"无"，轮廓宽度为"1.5mm"，轮廓颜色为"嫩苗色（C:10、M:0、Y:80、K:0）"，并将其放置到合适的位置，如图5-110所示。

6）选中刚绘制的正圆，打开"变换"泊坞窗，设置"水平""垂直"均为

"80%"，将中心点设置在正圆的中间，设置"副本"为"1"，单击"应用"按钮。然后将其填充为"嫩苗色（C:10、M:0、Y:80、K:0）"，轮廓为无，如图5-111所示。

图　5-110　　　　　　　　　　　　　图　5-111

7）单击工具箱中的"文本工具"按钮，在页面中绘制字母，设置字母字体为"Arial Black"，字母大小为"28pt"，并将字母设置为"斜体"。将其放置到合适的位置，效果如图5-112所示。

8）将字母和填充后的正圆选中，单击属性栏中的"移除后面对象"按钮，将图形进行修剪，修剪后的图形效果如图5-113所示。

图　5-112　　　　　　　　　　　　　图　5-113

9）单击工具箱中的"文本工具"按钮，在页面中输入文字。设置文字字体为"隶书"，文字大小为"30pt"，文字颜色为"白色"，并将其放置到合适的位置。

10）单击工具箱中的"钢笔工具"按钮，在页面中绘制一条直线，放置到刚输入的文字下方，效果如图5-114所示。

11）单击工具箱中的"文本工具"按钮，在页面中输入文字，设置文字字体为"黑体"，文字大小为"16pt"，文字颜色为"白色"，并将其放置到合适的位置，效果如图5-115所示。

图　5-114　　　　　　　　　　　　　图　5-115

3. 添加侧面内容

1）单击工具箱中的"椭圆形工具"按钮○，在页面中绘制一个正圆，将其填充设置为"无"，轮廓为"白色"，并将其放置到合适的位置，效果如图5-116所示。

2）选中刚绘制的正圆，将其复制一份并缩小60%。然后移动到合适的位置，效果如图5-117所示。

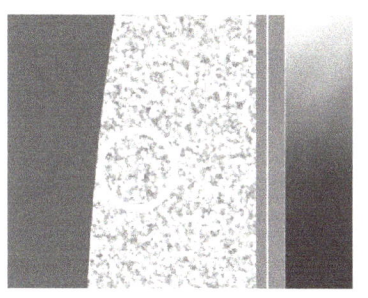 

图 5-116   图 5-117

3）选中缩小后的正圆，将其复制一份并缩小70%。然后移动到合适的位置，效果如图5-118所示。

4）将这3个正圆全部选中，打开"变换"泊坞窗，单击"垂直镜像"按钮，将中心点设置在右边的下方，"副本"设置为"1"，单击"应用"按钮。此时，图形的镜像效果如图5-119所示。

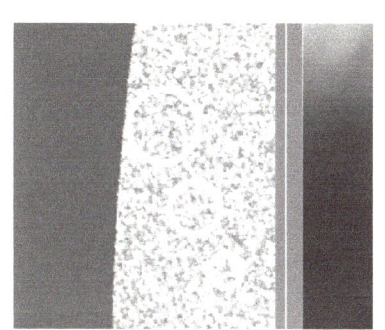 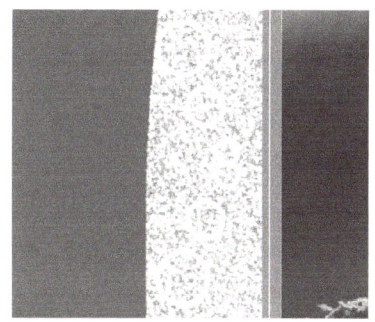

图 5-118   图 5-119

5）单击工具箱中的"钢笔工具"按钮，在页面中绘制一条垂直直线，其轮廓颜色为白色。然后再将其复制多份，并分别将其移动到合适的位置，如图5-120所示。

6）单击工具箱中的"文本工具"按钮，在页面中输入文字，设置不同的字体和大小后，并将其放置到合适的位置，效果如图5-121所示。

图 5-120   图 5-121

7）单击工具箱中的"椭圆形工具"按钮 ○，在页面中绘制一个正圆，将其填充为"红色（C:0、M:100、Y:100、K:0）"，轮廓为"无"，放置到合适的位置，效果如图5-122所示。

8）单击工具箱中的"文本工具"按钮 字，在页面中输入文字，设置文字字体为"隶书"，文字大小为"20pt"，文字颜色为"白色"，放置到合适的位置，效果如图5-123所示。

图 5-122

图 5-123

9）单击工具箱中的"钢笔工具"按钮 ♨，在页面中绘制两条直线，并将其放置到合适的位置，效果如图5-124所示。

10）单击工具箱中的"流程图形状"按钮 ⅋，在属性栏中单击"完美形状"按钮，选择相应的图形，然后在页面中绘制该图形，并将其进行垂直镜像，放置到合适的位置，效果如图5-125所示。

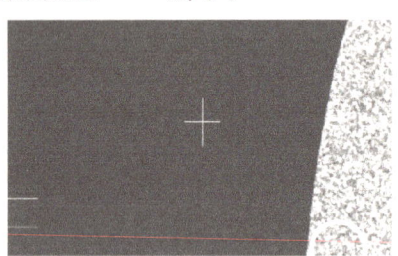
图 5-124

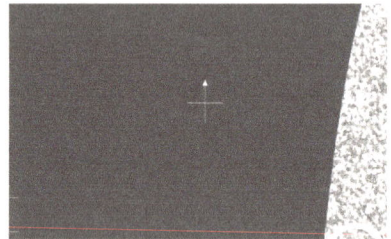
图 5-125

11）单击工具箱中的"文本工具"按钮 字，在页面中输入文字，设置文字字体为"华文行楷"，文字大小为"15pt"，文字颜色为"白色"，轮廓颜色也为"白色"，放置到合适的位置。

12）再次单击工具箱中的"文本工具"按钮 字，在页面中输入文字，设置不同的字体和大小后，将其放置到合适的位置。最终效果如图5-126所示。

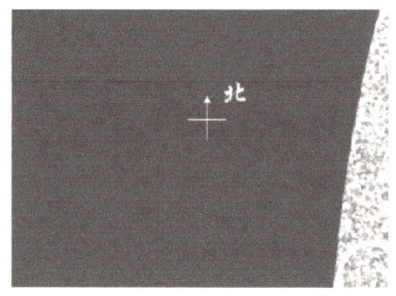

图5-126 最终效果

必备知识

转换为位图

CorelDRAW X6提供了将矢量图转换为位图的功能。下面介绍具体的操作方法。

打开一个矢量图形并保持其选取状态，执行"位图"→"转换为位图"命令，弹出"转换为位图"对话框，如图5-127所示。

分辨率： 在弹出的下拉列表中选择要转换为位图的分辨率。

颜色模式： 在弹出的下拉列表中选择要转换的色彩模式。

光滑处理： 可以在转换成位图后消除位图的锯齿。

透明背景： 可以在转换成位图后保留原对象的通透性。

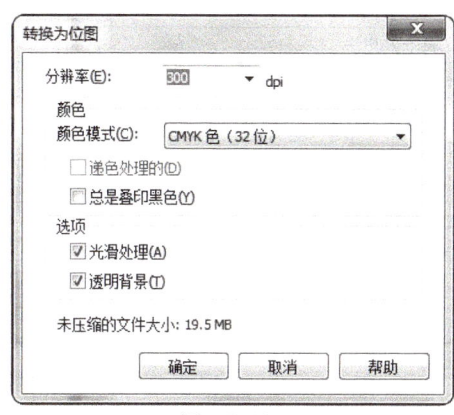

图 5-127

任务拓展

知识要点：主要使用矩形工具、椭圆工具、钢笔工具、基本形状工具、交互式工具、文字工具、修剪命令、"字符"面板等完成如图5-128所示的效果。

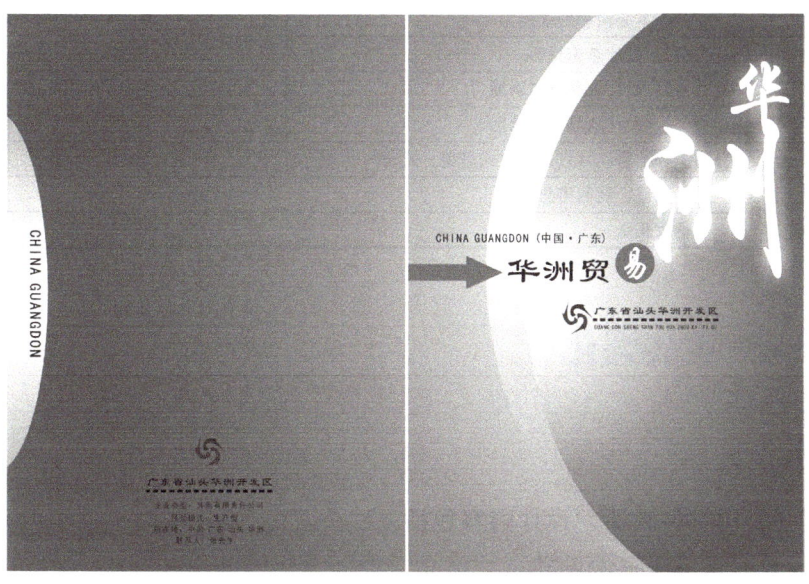

图 5-128

▶▶▶ 项目评价

整个评价分为项目设计阶段、项目制作阶段、成果展示阶段。将评价学生在整个项目学习过程中的学习态度、团队合作能力、行业知识熟悉能力、语言沟通能力、软件使用和再学习能力等。具体操作见表5-1。

表5-1　画册设计项目评价

项目名称		画册封面、内页设计			
评价项目		具体内容	评　分		
			小组评价	自评	教师协调
设计阶段	情感态度	配合老师分组活动			
		是否大胆发表个人想法			
		积极参与项目构思			
		主动查阅相关行业资料			
	合作交流	主动与同学沟通和讨论			
		认真倾听同学的意见和观点			
		对小组的工作做出贡献			
		沟通过程中语言表达准确			
	知识学习	画册知识的掌握			
		画册设计相关内容			
		画册设计流程			
	实践活动	我负责： 是否做好自己的工作？			
制作阶段	软件使用能力	交互式工具使用能力			
		钢笔工具使用能力			
		颜色和填充功能使用能力			
		文字工具基本使用能力			
		转换位图编辑能力			
		对象基本编辑和处理能力			
	任务完成能力	任务1　设计杂志封面			
		任务2　设计食品公司画册			
		任务3　设计电脑学院画册			
成果展示		将制作结果以（　）的方式呈现。效果？			
		回头看看，我的感想：			
		我的收获是：			

▶▶▶ 实战强化

实战要求

制作贸易公司宣传画册，设计内容包括：

1）贸易公司宣传册封面设计。

2）贸易公司宣传册内页1。

3）贸易公司宣传册内页2。

设计要求

1）贸易公司宣传册封面，要求设计清新明快、简洁直观，有时代气息，能体现出公司严谨的经营理念和专业的服务精神。

2）贸易公司宣传册内页1，要求简洁大方，体现公司的良好氛围和成长空间，并介绍设计该公司所需的结构和发展数据。

3）贸易公司宣传册内页2，要求通过页面中图片和色彩的编排，能准确地展示该公司的成长优势和优秀表现。

▶▶▶ 小结

本项目通过3个实例任务和任务拓展来学习画册的制作方法和技巧，重点掌握CorelDRAW X6基本形状工具、交互式工具、钢笔工具、"转换为位图"命令、"修剪"命令的功能应用。只要掌握了设计要点并灵活应用，相信能够设计出让客户赞赏的作品。

项目6 包装设计 <<<

▶▶▶ 项目概述

本项目主要是以包装盒设计为主，重点学习CorelDRAW软件进行包装设计的各种方法，所涉及的命令有位图的导入与编辑、图形处理、精确交互式阴影工具等。

▶▶▶ 学习目标

知识目标：了解包装的基本特征，掌握包装设计的基本方法。

技能目标：掌握包装设计的步骤，位图的导入与编辑、图形效果处理、条码工具、封套工具、图框精确剪裁工具和造型工具的综合运用能力。

情感目标：环保意识的提高，学会一切从细微之处入手。

▶▶▶ 项目描述

本项目是为"米米食品有限公司"所属的品牌设计几款商品包装。

客户：米米食品有限公司

客户提供信息：

米米食品有限公司旗下附属公司及联营公司主要在中国从事牛奶、饮料、酒类、糖果、中西式糕点、小包装食用油及小型餐饮等业务，致力于为中国消费者提供营养、健康、美味、优质的食品。公司在牛奶、小包装食用油、糖果等行业居于领先地位，旗下的"Miu Miu"牛奶、"福福"小包装食用油、"Miu Miu"巧克力、"煌煌"绍兴酒等品牌和产品深受消费者喜爱。

客户要求：米米食品有限公司为旗下附属公司——"Miu Miu"牛奶公司设计一款牛奶盒，以及为Smile Cafe店设计手提袋和蛋糕盒。

通过与客户的沟通、对市场的调研以及对同行业案例的分析，基本在包装盒的设计方向上达成了共识，分析如下：

1. 材料方面

基于绿色环保和保护地球的需要，包装材料采用纸质类。因为包括牛奶盒、手提袋在内的诸多纸质饮料包装盒的成分主要包括75%的纸浆，20%的塑料和5%的铝这3个部分，这些也都是我们身边的很多日常用品的主要原料。通过回收并经过特殊的加工，这些纸质饮料包装盒也将改投换面变成笔记本、垃圾桶，甚至音响，回到我们的身边。

2. 标识方面

在众多的商品包装设计中，无一不是用最快捷、醒目、悦目的色彩来吸引消费者注意。丰富的色彩传递着各种不同的情趣，展示着不同的品质风格和装饰魅力。

彩色系具有各自鲜明的相貌属性，而无彩色系中的金、银、黑、白、灰也同样具备一定的色彩涵义。无彩色其实在人们的心理早已形成自己完整的色彩性质，并一直为人们所接受，被称为永远的流行色。单纯的提炼与运用无彩色，有助于强化商品特征，有利于提高商品的品质与档次，增强商品的时代感与个性魅力。所以，色彩方面采用无彩色系为主。

3. 对包装设计的需求

1）该公司有无CI方案，要把握公司辨认的有关规定。

2）清晰该产品是新产品还是换代产品，所属公司旗下的同类产品的包装方式等。

3）知道产品包装的背景，以便拟定正确的包装设计策略。

项目分析只是项目进行的第一个阶段，结合项目本质需求的形象以及米米食品有限公司的具体情况，将商品包装设计分成3个任务过程。

任务1：牛奶盒的设计

任务2：手提袋的设计

任务3：蛋糕盒的设计

▶▶▶ 任务1 设计牛奶盒

任务分析

通过对国内牛奶市场的调查和分析，以及与客户初步的意见探讨，"Miu Miu"牛奶公司的牛奶盒根据产品的特点，使用了以黑色、白色为主色调，图案为Q版奶牛及奶牛身上的黑白块，文字的设计采用传统的元素。在包装的外形上，采用了屋形的设计。包装的设计美观大方，勾起儿童的童趣，也能勾起妈妈们的购买欲望。

包装盒制作主要用到了几何图形工具、手绘工具、形状工具、封套工具、挑选工具、文字工具、条码工具以及对应的属性编辑命令。要求能熟练使用对应的工具完成包装盒的制作，并能举一反三地应用。

牛奶盒设计草图如图6-1所示。

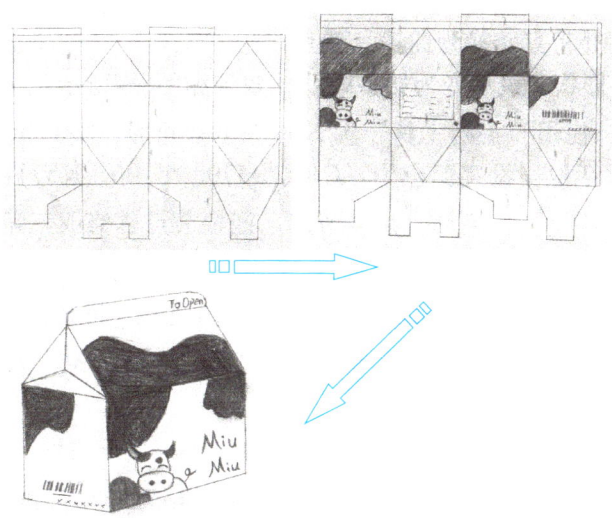

图　6-1

任务实施

启动CorelDRAW X6，执行"文件"→"新建"命令，或者按<Ctrl+N>组合键，在打开的"创建新文档"对话框中修改页面为310mm×240mm大小，单击"确定"按钮，新建一个图形文件。

1. 奶盒的展开图

牛奶盒展开图的尺寸如图6-2所示。使用"2点工具" ，按住<Shift>键，在页面中画一条线，属性对话框内修改直线的长度为75mm。按<Alt+F8>组合键，打开"旋转"对话框，旋转角度设置为180°，旋转中心为左上，复制份数为1，设置效果如图6-3所示。利用复制或镜像工具，修改线条样式，逐一绘制如图6-2所示的牛奶盒展开图。

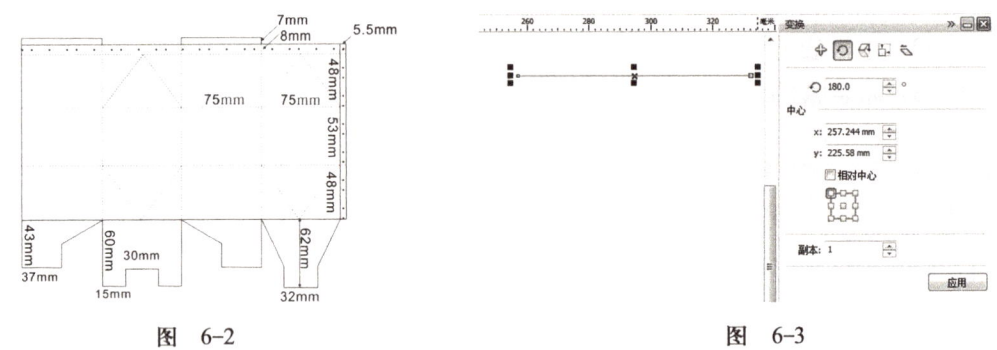

图 6-2　　　　　　　　　　　　　　　　图 6-3

经验提示

牛奶盒的四面的长度是一致的，我们可以画好一面，然后复制、粘贴，再进行细节的修改，但要保证展开盒最外的线条是实线，这一条是作为印刷后切割时使用。

2. 绘制奶牛

1）绘制奶牛脸。使用"矩形工具" ，按住<Ctrl>键，在页面中画一个正方形，修改为圆角方形，并将其转换为曲线。使用"形状工具" ，增加或减少节点，拖拉节点，修改方形的形状，最后变为奶牛的脸，效果如图6-4所示。

2）绘制牛角。使用"手绘工具" ，画一个三角形，按<Shift+F11>组合键，打开"均匀填充"对话框，设置颜色为（C69、M79、Y100、K57），并将其转换为曲线。使用"形状工具" ，增加或减少节点，拖拉节点，修改三角形的形状，最后变为牛角，效果如图6-5所示。

3）绘制耳朵。使用"手绘工具" ，画一个四边形，将其转换为曲线。选择"形状工具" ，增加或减少节点，拖拉节点，修改四边形的形状，最后变为牛的耳朵，效果如图6-6所示。

4）绘制面部的黑斑。使用"手绘工具" ，画一个三角形，按<Shift+F11>组合键，打开"均匀填充"对话框，设置颜色为黑色，并将其转换为曲线。使用"形状工具" ，增加或减少节点，拖拉节点，修改三角形的形状，最后变为黑斑，效果如图

6-7所示。使用"椭圆工具"，按住<Ctrl>键，在页面中画一个圆形，填充为黑色。把它们拖拉到脸面上。再次复制耳朵和牛角，拖曳到脸部右方，按工作区上方属性栏中的"水平镜像"按钮，将耳朵和牛角翻转，效果如图6-8所示。

5）绘制眼线。选择"2点工具"，按住<Shift>键，在页面中画一条线，在属性对话框内修改线的轮廓值为0.75mm。选择"形状工具"，将线条拉伸成弯弯的月牙线，复制多一条，调整到脸部，如图6-9所示。

6）绘制鼻子。使用"椭圆形工具"在脸部上方绘制椭圆，如图6-10所示，填充颜色（C0、M54、Y27、K0）。使用"选择工具"再次单击脸上的黑色圆，复制两个，处理它们的大小，调整到嘴巴上，如图6-11所示。

7）绘制身体及其他部位。同样使用"椭圆工具"绘制出身体、黑斑，并分别填充黑色和白色，并将其转换为曲线。使用"形状工具"，增加或减少节点，拖拉节点，修改它们的形状，最后变为牛的身体，效果如图6-12所示。使用"手绘工具"，画一条线，使用"形状工具"，增加或减少节点，拖拉节点，修改线条的形状，最后变为尾巴，如图6-13所示。最后，牛的效果如图6-14所示。

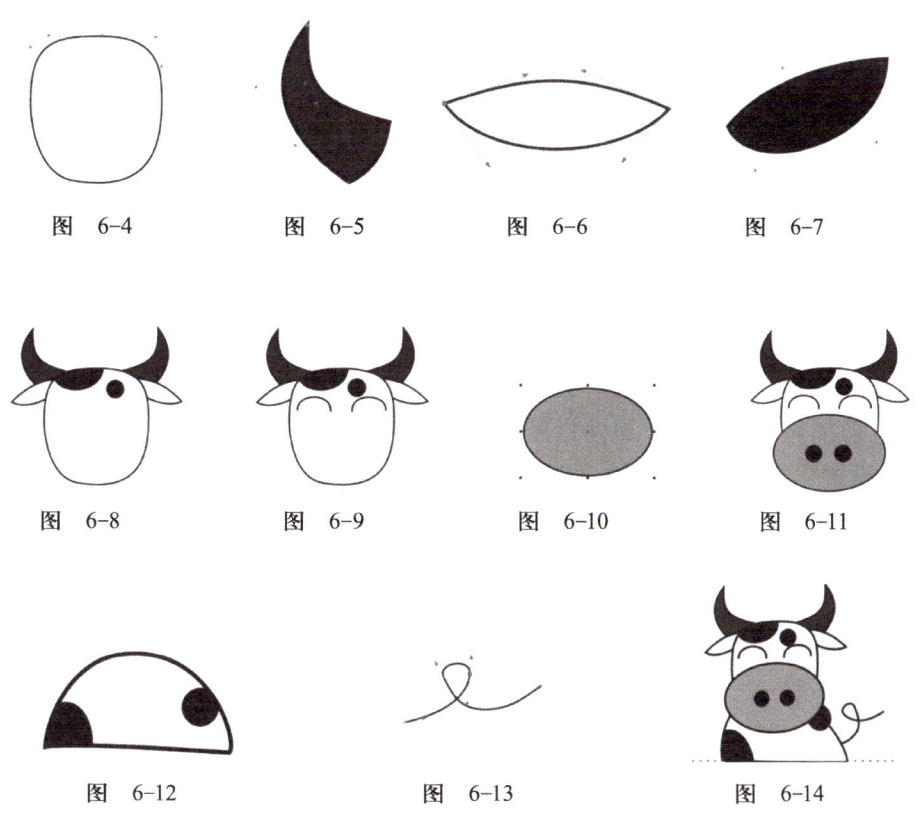

图 6-4　　　　图 6-5　　　　图 6-6　　　　图 6-7

图 6-8　　　　图 6-9　　　　图 6-10　　　　图 6-11

图 6-12　　　　图 6-13　　　　图 6-14

8）绘制牛身的其他部分。绘制奶牛脸。使用"矩形工具"，在页面中画一个矩形，填充为黑色，并将其转换为曲线。使用"形状工具"，增加或减少节点，拖拉节点，修改矩形的形状，最后变为奶牛身体的黑斑，效果如图6-15所示。同理，绘制出如图6-16所示的图形。

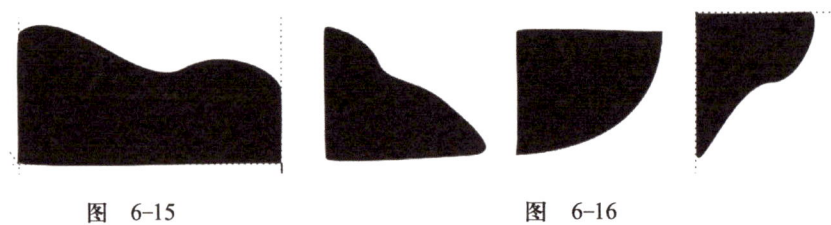

图 6-15   图 6-16

牛奶盒的正面效果如图6-17所示。

图 6-17

3. 文字

下面需要将包装盒的文字添加上去。

1）选择"文本工具"，在合适的位置单击鼠标左键，出现"I"形插入文本光标，属性栏显示为"文本"属性，选择字体，并设置字号和字符属性，如图6-18所示，设置完成后，直接输入文本"Miu"，并填充颜色（C75、M62、Y0、K0）。同理，在页面上输入其他文字。

2）输入营养成分表。选择"文本工具"，在合适的位置拖曳鼠标，拉出文本框，出现"I"形插入文本光标，属性栏显示为"文本"属性，选择字体，并设置字号和字符属性，设置完成后，直接输入如图6-19所示的文字。

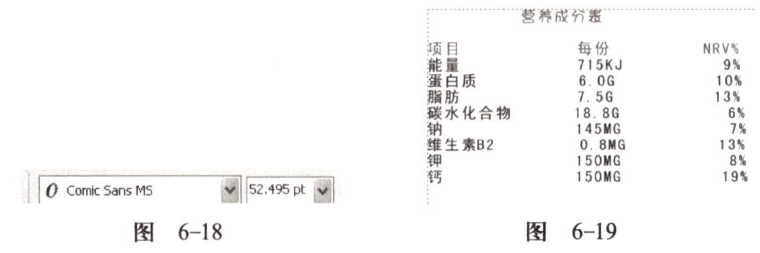

图 6-18   图 6-19

4. 插入条码

选择"菜单"→"编辑"→"插入条码"命令，出现"条码向导"对话框，如图6-20所示，输入条码数字"6909999999"，单击"下一步"按钮，在弹出的对话框中设置好打印机的分辨率、条形码高度等参数，如图6-21所示，单击"下一步"按钮，条码跟随鼠标移动，在页面上找到适合的位置，单击鼠标左键，完成条码的插入操作，效果如图6-22所示。

图 6-20

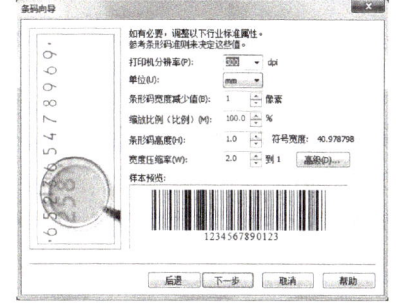
图 6-21

米米牛奶有限公司出品

图 6-22

 经验提示

双击"条码",打开"条码向导"对话框进行参数的设置。

5. 导入QS图标

执行"菜单"→"导入"命令,选择素材库中的"QS.PNG"文件,将其调整到页面适合的位置,如图6-23所示。

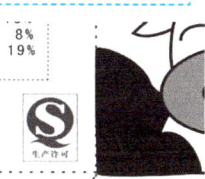
图 6-23

6. 牛奶盒展开图完成效果(见图6-24)

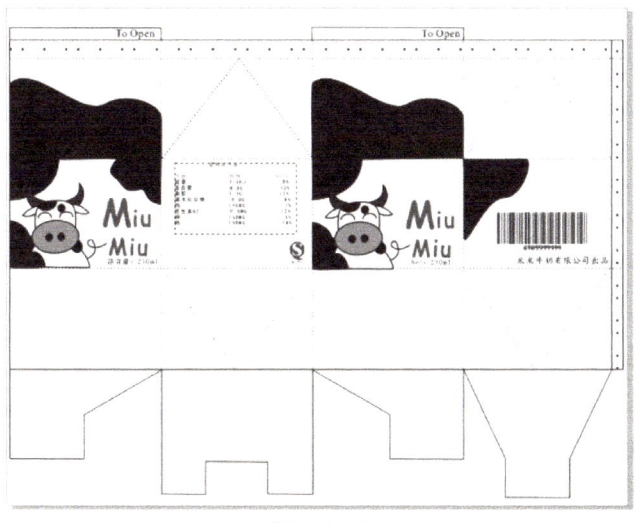

图 6-24

任务拓展

知识要求：运用几何图形工具绘制图形，挑选工具进行图形编辑和变换，填充和描边工具进行填色，文字工具添加文字，变形工具和封套工具更换对象的形状，制作完成拓展任务。

1）按图6-25所示，完成牛奶盒的立体效果图。

2）根据所学内容，自己动手完成如图6-26所示的牛奶盒。

图　6-25

3）根据所学内容，自己动手完成如图6-27所示的饮料盒。

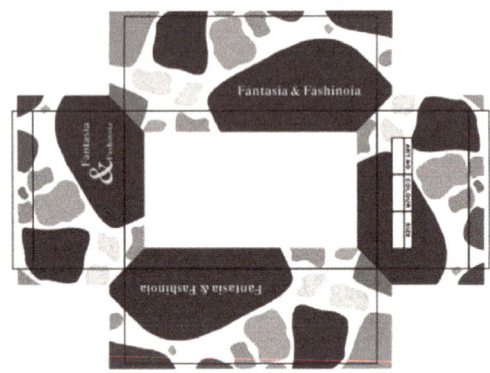

图6-26　练习1

图6-27　练习2

▶▶▶ 任务2　设计手提袋

任务分析

通过对国内手提袋市场的调查和分析，与客户初步进行探讨后，Smile Cafe店的手提袋根据该店的VI以及经营理念，使用了以深咖啡色为主色调，图案和文字的设计采用传统的元素。包装的设计简洁大方，让人一目了然。

手提袋制作主要用到了几何图形工具、手绘工具、形状工具、封套工具、挑选工具、文字工具、变换工具以及对应的属性编辑命令。要求学生能够熟练使用对应的工具完成手提袋的制作，并能举一反三地应用。

手提袋设计草图如图6-28所示。

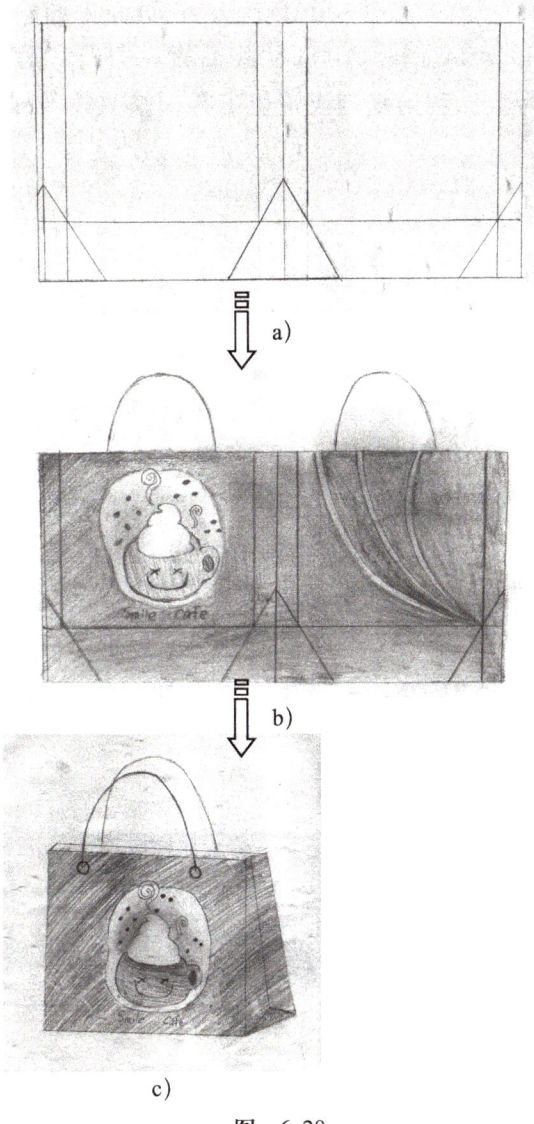

图 6-28

任务实施

启动CorelDRAW X6，执行"文件"→"新建"命令，或者按<Ctrl+N>组合键，在打开的"创建新文档"对话框中修改页面为750mm×550mm大小，单击"确定"按钮，新建一个图形文件。

1. 手提袋的展开图

1）手提袋展开图的尺寸如图6-29所示。使用"矩形工具" $\square$ ，在页面中画一个矩形，按<Shift+F11>组合键打开"均匀填充"对话框，设置颜色为（C70、M88、Y100、K66），单击"确定"按钮，完成矩形的填充。

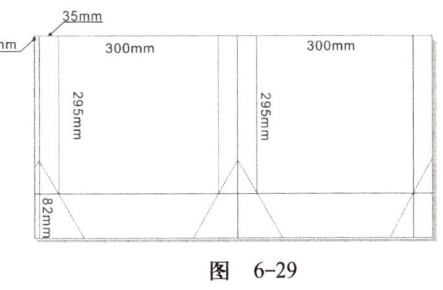

图 6-29

2）使用"2点工具" ，按住<Shift>键，在页面中画一条线，在属性对话框内修改直线的长度为295mm。按<Alt+F8>组合键，打开"旋转"对话框，旋转角度为90°，旋转中心为上。利用复制或镜像工具，修改线条样式，逐一绘制手提袋展开图。

2．绘制提手及其他部分

1）使用"钢笔工具" ，在页面中画一条线，在属性对话框内修改直线的长度为300mm。使用"形状工具" ，增加或减少节点，拖拉节点，修改线的形状，最后变为提手，如图6-30所示。

2）使用"椭圆工具" ，按<Shift>键，在页面中画一个圆，无填充，调整线宽为4mm，按<Ctrl+D>组合键复制一个圆，调整到曲线的两端，组合在一起。按<Ctrl+D>组合键复制一个提手，调整好位置，如图6-31所示。

3）使用"钢笔工具" ，在页面中画一条线，颜色是（C70、M88、Y100、K66）。使用"形状工具" ，增加或减少节点，拖拉节点，修改线的形状，效果如图6-32所示。按<Alt+F8>组合键，打开"旋转"对话框，点选"线条"，旋转角度为-15°，旋转中心为右下，副本为2，如图6-33所示。按"应用"按钮，调整线条位置，效果如图6-34所示。

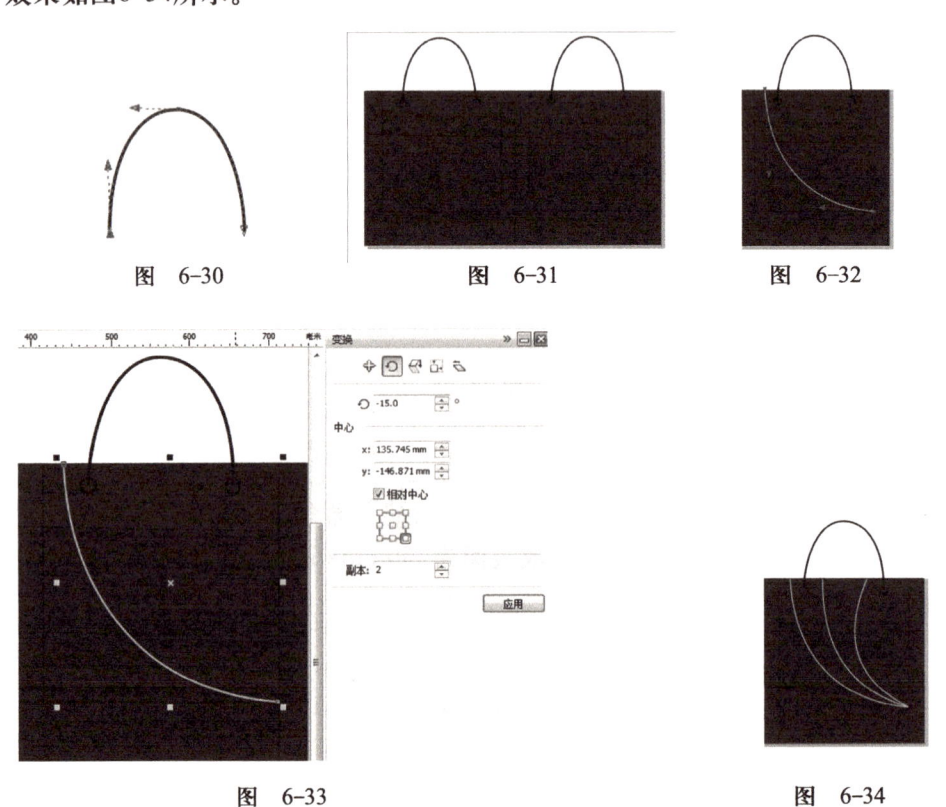

图 6-30　　　　　　图 6-31　　　　　　图 6-32

图 6-33　　　　　　　　　　　图 6-34

3．添加VI

执行菜单栏中的"文件"→"导入"命令，选择"café Log.png"文件，将VI导入，放大调整好位置，如图6-35所示。

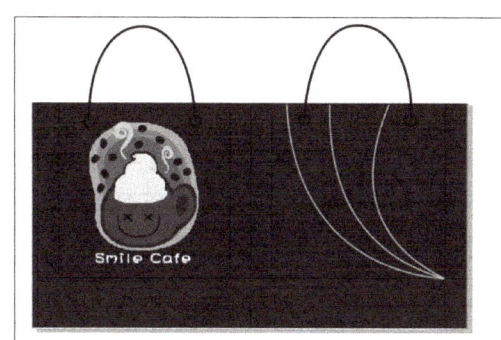

图 6-35

4. 文字

下面需要将包装盒的文字添加上去。

使用"文本工具"，在合适的位置单击鼠标左键，出现"I"形插入文本光标，属性栏显示为"文本"属性，选择字体"华文少女文字W5（P）"、字号"36pt"和颜色"白色"，输入文本"www.simlecage.com"。

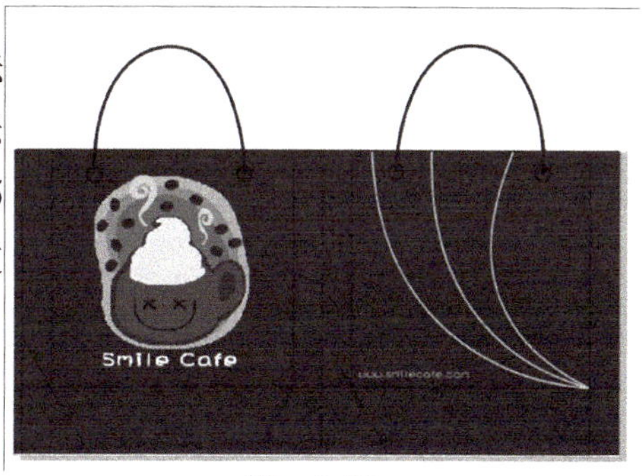

5. 保存文件

手提袋展开图完成效果如图6-36所示。

图 6-36

任务拓展

知识要求：运用几何图形工具绘制图形，挑选工具进行图形编辑和变换，填充和描边工具进行填色，文字工具添加文字，变形工具和封套工具更改对象的形状，制作完成拓展任务。

1）按如图6-37所示，完成手提袋的立体效果图。

2）根据所学内容，自己动手完成如图6-38所示的手提袋。

图 6-37

图 6-38

▶▶▶ 任务3　设计蛋糕盒

任务分析

通过对国内蛋糕盒市场的调查和分析，以及与客户初步的意见探讨，Smile Cafe店的蛋糕盒根据该店主打产品提拉米苏咖啡系列蛋糕，使用了以深咖啡色为主色调，图案使用店的VI和蛋糕组图，围绕蛋糕为主题来设计。在包装的外形上，采用方形手提盒的设计。包装的设计风格简洁美观，主题鲜明，整体上给人以和谐的感觉。

蛋糕盒制作主要用到了几何图形工具、手绘工具、形状工具、造型工具、图形导入、图框精确剪裁工具、挑选工具、文字工具、变换工具以及对应的属性编辑命令。要求学生能够熟练使用对应的工具完成蛋糕盒的制作，学会先规划后细化的操作流程。

蛋糕盒设计草图如图6-39所示。

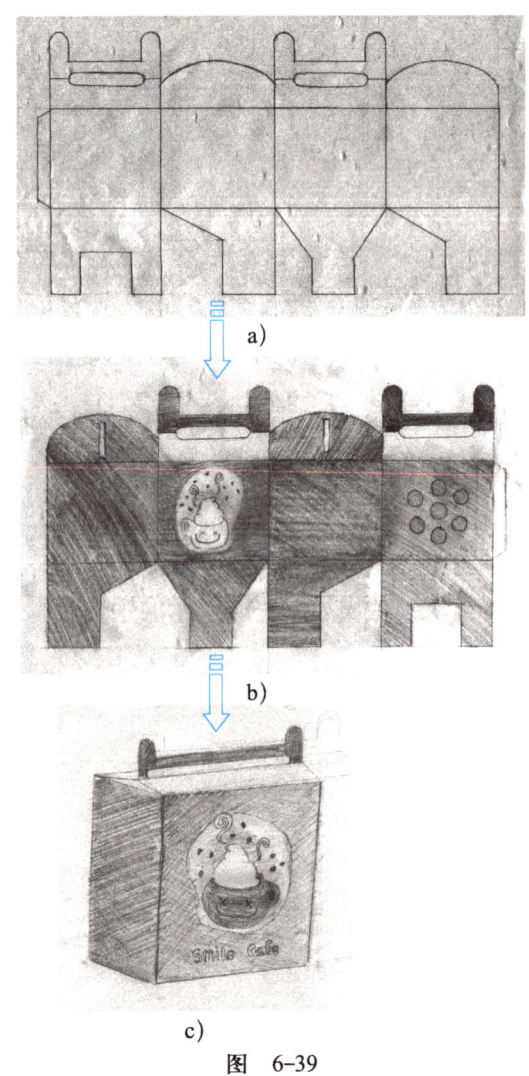

a)

b)

c)

图　6-39

任务实施

启动CorelDRAW X6，执行"文件"→"新建"命令，或者按<Ctrl+N>组合键，在打开的"创建新文档"对话框中修改页面为750mm×370mm大小，单击"确定"按钮，新建一个图形文件。

1. 蛋糕盒的展开图

1）蛋糕盒展开图的尺寸如图6-40所示。使用"矩形工具" ▢，在页面中画一个180mm×155mm的矩形，按<Ctrl+D>组合键复制4个矩形，组合在一起。

2）使用"矩形工具" ▢，画一个长条矩形。使用"椭圆工具" ○，按<Shift>键，在页面中画两个小圆。将两个圆调整到矩形的两边，调整好圆的直径与矩形的高相等。执行菜单栏中的"窗口"→"泊坞窗"→"造型"命令，调出"造型"对话框，如图6-41所示，选择"焊接"功能，鼠标点选一个圆，单击"焊接到"按钮，鼠标单击矩形，即将圆和矩形连成一体。同理，将另外的圆焊接到矩形，效果如图6-42所示。

3）利用"矩形工具"，复制、造型、形状工具，逐一绘制如图6-39所示的蛋糕盒展开图。并逐一将矩形等填充颜色为（C56、M91、Y85、K40），效果如图6-43所示。

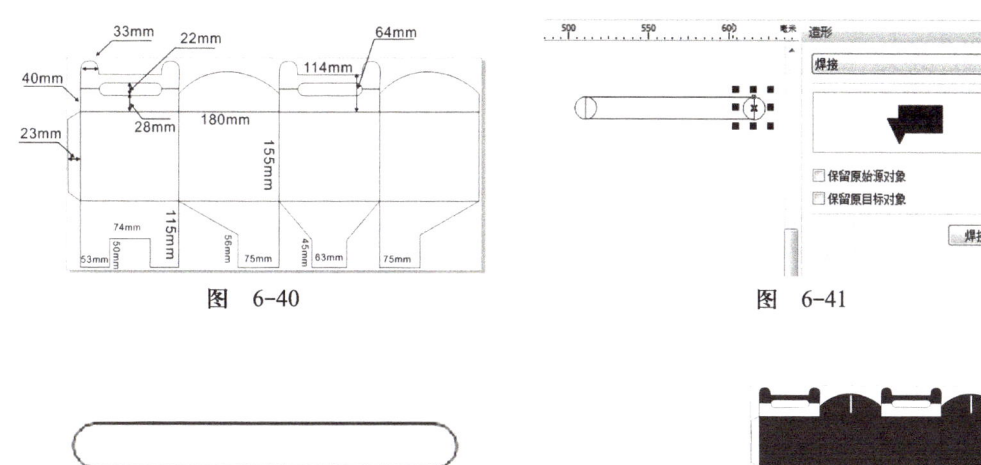

图 6-40　　　　　　　　　　　　　　　图 6-41

图 6-42 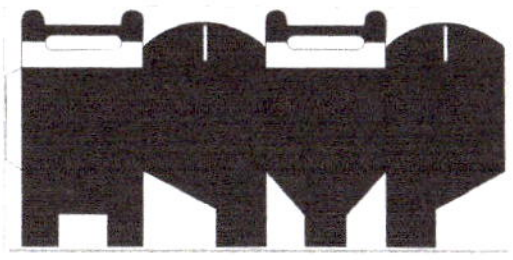　　　　　　　　　　　　　　　图 6-43

2. 添加VI

执行菜单栏中的"文件"→"导入"命令，分别选择"café Log.png"文件，将VI导入，放大调整好位置，如图6-44所示。

3. 装饰蛋糕图案

1）单击菜单栏中的"文件"→"导入"命令，选择"cake01.png"文件，将"蛋糕图案1"导入。

图 6-44

2）使用"椭圆工具" ⊙ ，按<Shift>键，在页面中画一个圆，无填充，调整线宽为1mm，颜色为（C0、M40、Y60、K0）。

3）鼠标选取"蛋糕图案1"，执行菜单栏中的"效果"→"图框精确剪裁"命令，鼠标点击圆圈，将图案置入圈内，如图6-45所示。鼠标点选"编辑PowerClip"，如图6-46所示，编辑蛋糕图案的大小至适合位置。鼠标点选"停止编辑内容"，如图6-47所示。装饰后的蛋糕图案如图6-48所示。同理，装饰"蛋糕图案2"-"图案7"，效果如图6-49所示。

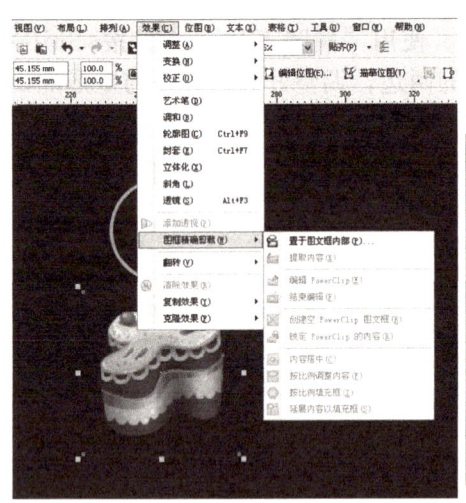

图　6-45

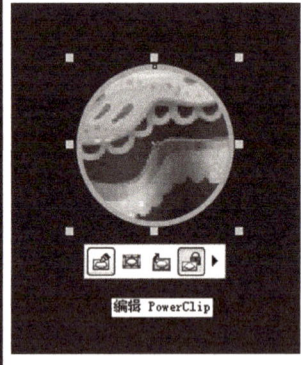

图　6-46

图　6-47

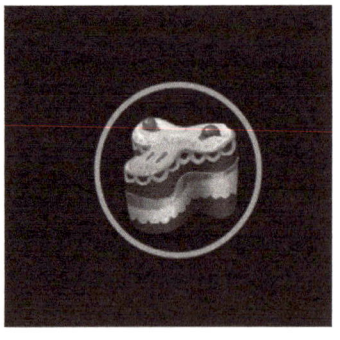

图　6-48

图　6-49

4. 文字

下面需要将包装盒的文字添加上去。

使用"文本工具"，在合适的位置单击鼠标左键，出现"I"形插入文本光标，属性栏显示为"文本"属性，选择字体"华文少女文字W5（P）"、字号"43pt"和颜色"白色"，输入文本"www.Simlecage.com"。

牛奶盒展开图完成效果如图6-50所示。

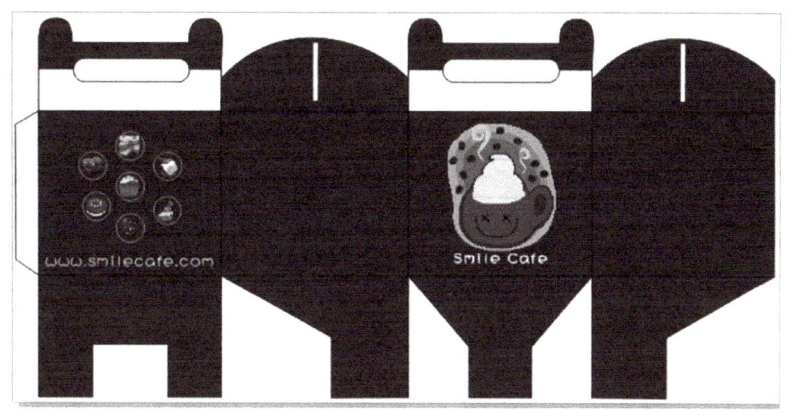

图 6-50

任务拓展

知识要求：运用几何图形工具和手绘工具绘制图形，挑选工具进行图形编辑和变换，填充和描边工具进行填色，文字工具添加文字，变形工具和封套工具更换对象的形状，图框精确剪裁工具修饰图形，制作完成拓展任务。

1）按图6-51所示，完成蛋糕盒的立体效果图。

2）根据所学内容，自己动手完成图6-52所示的圆形蛋糕盒。

图 6-51   图 6-52

▶▶▶▶ 项目评价

整个评价分为项目设计阶段、项目制作阶段、成果展示阶段。评价学生在整个项目学习过程中的学习态度、理论知识的熟悉能力、语言沟通能力、软件工具的综合使用能力和迁移学习能力。具体操作见表6-1。

表6-1 包装盒设计项目评价

项目名称		米米食品有限公司包装盒设计			
评价项目		具体内容	评 分		
			自 评	同学间互评	教师协调
设计阶段	情感态度	配合老师分组活动			
		是否大胆发表个人想法			
		积极参与项目构思			
		主动查阅相关行业资料			
	合作交流	主动与同学沟通和讨论			
		认真倾听同学的意见和观点			
		沟通过程中语言表达准确			
	知识学习	包装盒知识的掌握			
		包装盒设计的内容			
		包装盒设计的流程			
	实践活动	是否做好自己的工作			
制作阶段	软件综合使用能力	图形工具使用能力			
		文字工具使用能力			
		形状工具使用能力			
		造型工具能力			
		复杂图形编辑能力			
		版面设计能力			
	任务完成能力	任务1　设计牛奶盒			
		任务2　设计手提袋			
		任务3　设计蛋糕盒			
成果展示		将制作结果以（ ）的方式呈现。效果如何			
我的收获					

 **实战强化**

实战要求

为"莱莱"化妆品有限公司设计系列包装盒，内容包括：

1）新品"lailai"夜间精华露的外包装盒。

2）化妆品专卖店所用的纸质手提袋。

3）品牌"lala"美白系列促销套装的包装盒。

设计描述

1. 企业介绍

莱莱化妆品有限公司是一家以尖端科技研究并已在市场成功运作而驰名的化妆品公司，创立于1999年，全国拥有199家专卖店，经营护肤、美发、香水、彩妆、药妆五大类。品牌有"lailai""lala""adda"。

莱莱秉着"以人为本，以精立业，以质取胜，以诚服务"的经营理念，以产品质量为企业发展之命脉，以市场为消费导向，以信誉为企业生存之根本。现公司已拥有稳定且成熟的市场及一大批忠实的消费者。

莱莱不仅致力于研究、生产和销售优质化妆品，同时也在文化、艺术、科研和公益等方面为大众作出了积极的贡献。

短短15年间，莱莱从零开始，在中国市场上的地位稳步上升，目前已成为中国知名的公司之一。现在莱莱已成为大家认可并信赖的公司。

2. 设计分析

包装盒系统分析。通过团体合作，分组进行以下步骤：

1）小组讨论，通过品牌理念的解读确定包装盒设计的色彩、图案、文字。

2）设计调查问卷，发送给不同职业、年龄的人群，通过对结果的分析确定包装盒应采用哪种表现形式。

3）小组分工，搜索同行业案例，对它们进行分析并确定包装盒的独特性。

4）对以上分析进行总结归纳最终确定包装盒的设计方案。

▶▶▶ 小结

通过本项目的学习，相信大家对包装设计有了一定的了解，包装设计的一般思路是"先整体后局部"，因为包装设计是在有限画面内进行，这是空间上的局限性。同时，包装在销售中又是在短暂的时间内为购买者所认识，这是时间上的局限性。这种时空限制要求包装设计不能盲目求全，面面俱到，什么都放上去，等于什么都没有。所以，包装设计上应遵循"造型简约，重视细节，重视自然，讲究简单朴素"的原则，这就是成功的设计。

项目7 书籍装帧设计 <<<

▶▶▶ 项目概述

本项目主要是以书籍装帧设计为主，重点学习CorelDRAW软件进行书籍装帧设计的各种方法，所涉及的命令有透明工具、阴影工具、条码处理、网格辅助线设置等。

▶▶▶ 学习目标

知识目标：了解书籍装帧的特点，掌握书籍装帧设计的方法和出版知识。

技能目标：掌握书籍装帧设计的步骤，透明工具、阴影工具、条码处理、封套工具、造型工具以及辅助线设置的综合运用能力，

情感目标：求实的科学态度，提高鉴赏能力。

▶▶▶ 项目描述

本项目是为一美出版社的新书"数字图像处理——CorelDRAW"进行书籍装帧设计。

客户：一美出版社

客户提供信息：

一美出版社是一家以出版文学艺术类图书为特色的专业出版社。一贯倡导阵地意识、精品意识、人本理念、国际视野，已经在原创文学及引进版图书、文化教育图书、音乐艺术图书等方面形成特色。立足文艺，打造精品，彰显特色，服务读者，是一美出版社一贯坚持的信念。该出版社积极拓展市场，调整结构，提升产业素质，全力打造国际知名、国内富有影响力的综合性文艺出版社新形象。

客户要求：设计体现独具一格的"数字图像处理——CorelDRAW"的书籍装帧。

通过与客户的沟通、对出版市场的调研以及对同行业案例的分析，基本在书籍装帧设计的大方向上达成了共识，分析如下：

1. 书籍装帧设计要求

1）本项目中的图书的读者对象是学校、培训、自学3个方面的读者，且属于图形类软件的教程，有较多的插图和图案，应采用大16开本。

2）整本书在文字上应统一，即中文字的字体、字号、字距、行距整体秩序统一。

3）图形方面：如插图、图片、图表、装饰性的饰纹、点、线设计，甚至空白页的表达都要整体风格统一。图形分辨率要求在300像素/英寸以上，颜色为CMYK。

4）色彩方面：色调的设计要与书籍内容的基本情调有完整性。

5）书籍构成元素的设计风格统一。是对包括封面、护封、扉页、插页、环衬等的设计。

详细了解书籍装帧的背景后，可以拟定正确的装帧设计策略。

2．书籍装帧设计的概述

书籍装帧设计是指从文稿编辑到成书出版的整个设计过程。书籍装帧既是平面的，也是立体的，它包含了艺术的创意构思和技术手法的系统设计，即艺术设计和工艺制作的总称。如图7-1所示。

图 7-1

3．书籍装帧的构成

一般来说，书籍装帧基本上是指书的外观设计，即封面、书套、护封等的设计。就是说书籍不是简单的一张纸，而是以生产技术把各部分立体地组合起来的。所以，书籍装帧的构成如下：

封面——书的外貌，分封面、封二（封面的内侧）、封三（封底的内侧）和封底。

书脊——脊封连接封面和封底的锁线部分，外观有平脊、方脊和圆脊。

书套——用纸或纸板制作的书套盒，起保护书册的作用。

护封——外封，即覆盖在书籍封面外的书皮。

书心——包括目录页、扉页、前言、内页、插图页、版权页等。

环衬——封面内侧与书心之间的衬纸。

4．书籍装帧设计的基本原则

1）书籍外部装帧与内文版式要统一。它是指组成书籍的文字、图形、色彩、材料等元素要进行完整和协调的统一设计。

2）每位设计师都有自己的创新构思，在装帧设计中必须考虑读者群体的年龄、文化程度等因素，使创新与书的内容相得益彰，受到读者的欢迎。

3）书籍是具有阅读功能、传播文化知识等功能的，书籍装帧设计传达书籍内容的视觉功能也不会改变。所以在保证书籍功能的前提下，设计要具有时代性和现代感，既有技术，也有艺术，如图7-2所示。

图 7-2

5．书籍装帧设计的常用规格

在日常生活中所看到的图书有大有小，规格比较多，图书的幅面大小称为开本，即书籍、杂志以及其他纸张加工后形成的尺寸。开本以"开数"来区分。"开数"指一张印刷用纸单面所能印刷的页数。如16开，被裁切成16张纸；24开，被裁切成24张纸；32开，被裁切成32张纸。

由于整张原纸的规格有不同规格，所以，切成的小页大小也不同。我们把787mm×1092mm的纸张（B型纸）切成的16张小页叫小16开，或16开。把850mm×1168mm的纸张（A型纸）切成的16张小页叫大16开。其余类推。

不同类型的图书有不同的开本，一般约定如下：

1）儿童读物为方便阅读，通常用接近方形的开本，使用12开、20开、16开较多。

2）马列著作等政治理论类图书严肃端庄、篇幅较多，一般都放在桌子上阅读，开本较大，常用大32开。

3）学校教材一般采用大开本，多用16开。小学教材过去也有用大16开本，显得太大了，现在多改为大32开。

4）文学书籍常为方便读者而使用32开。诗集、散文集通常用比较狭长的小开本，如42开、36开等。

5）工具书中的百科全书、词海等厚重渊博，一般用大开本，如16开。小字典、手册之类可用较小开本，如42开、64开。

6）印刷画册的排印要将大小横竖不同的作品安排得当，又要充分利用纸张，故常用近似正方形的开本，如6开、12开、20开、24开等，如果是中国画，还要考虑其独特的狭长幅面而采用长方形开本。

7）篇幅多的图书一般采用较大的开本，否则页数太多，不易装订。

书籍装帧设计常用规格如图7-3、图7-4所示。

图　7-3

图　7-4

项目分析只是项目进行的第一个阶段，结合项目本质需求的形象以及这本书的具体情况，将书籍装帧设计分成3个任务过程。

任务1：设计封面与封底

任务2：设计章前页

任务3：设计目录

▶▶▶ 任务1　设计封面与封底

任务分析

封面是通过艺术设计的形式来反映书籍的内容，起到美化和保护的作用。因此，封面设计是书籍装帧设计中的一个重点。单一的封面只是二维平面设计，但是，将封面、封底和书脊作为整体造型形态来看，会因产生时间和空间的流动而增加了书籍的容量。如图7-5所示。

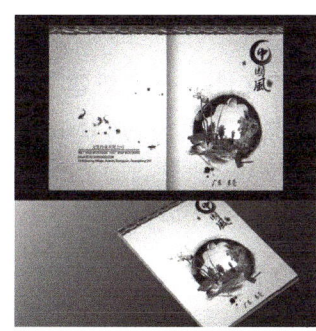

图　7-5

在封面设计中，书脊的设计也不容忽视，它是封面与封底之间的过渡。书脊对书籍整体形态的图形、色彩、构成等方面，起着承上启下的作用。

封底设计与封面、书脊既要互相协调又要有所变化，应多强调统一的风格。

只有对封面、书脊、封底进行整体设计，才能使书籍有完整而优美的造型。如图7-6所示。

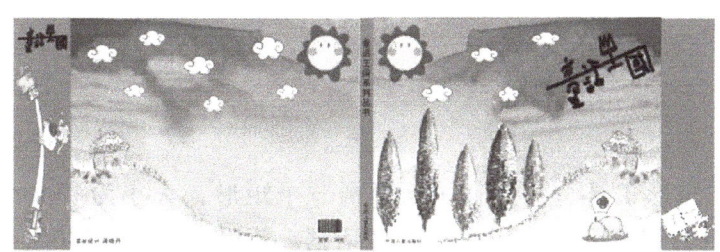

图　7-6

通过对国内书籍市场的调查和分析，以及与客户初步的意见探讨，"数字图像处理——CorelDRAW"是一本图形类软件的教程，设计元素使用了一排彩色的铅笔，以亮丽的颜色为主色调，文字的设计采用传统带点时尚的元素。整体风格清新淡雅。

封面、封底制作主要用到了几何图形工具、透明工具、形状工具、造型工具、挑选工具、文字工具、变换工具、条码工具以及对应的属性编辑命令。要求能够熟练使用对应的工具完成封面等制作，学会版面排版设计的操作流程。封面与封底设计草图如图7-7所示。

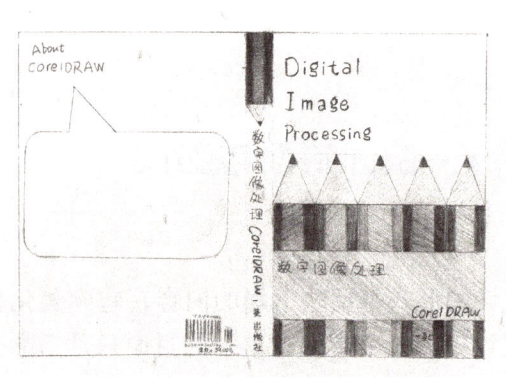

图 7-7

任务实施

启动CorelDRAW X6，执行"文件"→"新建"命令，或者按<Ctrl+N>组合键，在打开的"创建新文档"对话框中修改页面为445mm×285mm大小，单击"确定"按钮，新建一个图形文件。

1. 绘制彩色的铅笔

为了确定图案、文字之间的位置关系及大小比例，一般采用辅助线的方法，从页面外拖拉到页面中，定好封面、书脊、封底的尺寸，如图7-8所示。

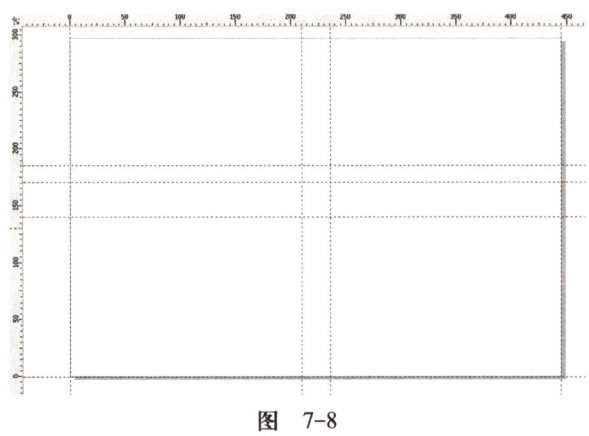

图 7-8

1）使用"矩形工具" ▢，在页面中画一个矩形，大小为42mm×140mm。按<Shift+F11>组合键打开"均匀填充"对话框，设置颜色为（C65、M29、Y40、K0），单击"确定"按钮，完成矩形的填充。右击调色板上部的⊠按钮，取消轮廓线，效果如图7-9所示。

2）使用"矩形工具" ▢，在页面中画一个矩形，大小为10mm×140mm。按<Shift+F11>组合键打开"均匀填充"对话框，设置颜色为（C100、M71、Y56、K20），单击"确定"按钮，完成矩形的填充。右击调色板上部的⊠按钮，取消轮廓线，按<Ctrl+D>组合键多复制一个，调整这两个矩形的位置，效果如图7-10所示。

3）使用"多边形工具" ◯，调整边数为3，在页面中画一个正三角形，边长为42mm。按<Shift+F11>组合键打开"均匀填充"对话框，设置颜色为（C2、M0、

Y27、K0），单击"确定"按钮，完成三角形的填充。右击调色板上部的⊠按钮，取消轮廓线。使用"多边形工具"，在大三角形的顶角处画一个小三角形，颜色为（C65、M29、Y40、K0），调整位置，效果如图7-11所示。

4）将蓝色铅笔多复制4支，修改它们的填充颜色：红色铅笔颜色为（C20、M95、Y100、K0）、（C42、M100、Y100、K16），浅橙色铅笔颜色为（C0、M52、Y85、K0）、（C3、M62、Y93、K0），绿色铅笔颜色为（C73、M27、Y82、K0）、（C82、M49、Y97、K11），紫色铅笔颜色为（C56、M91、Y52、K40）、（C69、M76、Y68、K30），调整位置，效果如图7-12所示。

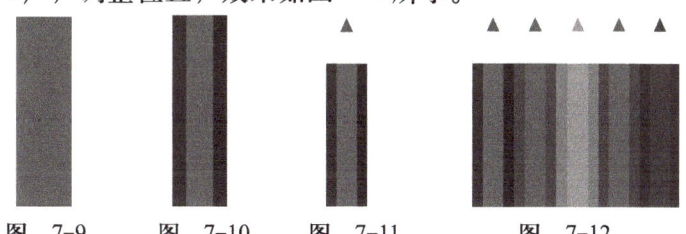

图 7-9   图 7-10   图 7-11   图 7-12

5）绘制透视矩形。使用"矩形工具"，在5支彩笔中部画一个矩形，大小为210mm×65mm，设置颜色为白色，无轮廓线，如图7-13所示。使用"透明度"工具，如图7-14所示，在矩形中拖拉，调整透明度，效果如图7-15所示。

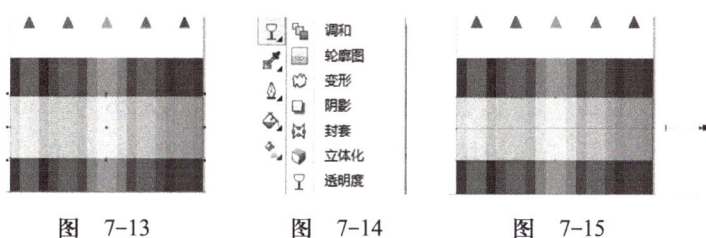

图 7-13   图 7-14   图 7-15

2. 添加书名等文字

下面需要将书名、出版社等文字添加上去。

1）使用"文本"工具，在合适的位置单击鼠标左键，出现"I"形插入文本光标，按<Ctrl+T>组合键打开"文本属性"对话框，选择字体，以及设置字号和字符属性，如图7-16所示。设置完成后，直接输入文本"数字图像处理"，文字颜色为黑色。同理，在页面上输入"CorelDRAW"和"一美出版社"，调整好位置，效果如图7-17所示。

图 7-16

图 7-17

2）使用"文本"工具，在合适的位置单击鼠标左键，出现"I"形插入文本光标，在"文本属性"对话框，选择字体，以及设置字号和字符属性，如图7-18所示。设置完成后，直接输入书名的英文"Digital Image Processing"，黑色，按<Ctrl+K>组合键拆分美术字，调整好位置。用鼠标选中文字"Digital"，使用"阴影"工具，如图7-19所示。使用鼠标拖拉，调整阴影位置，如图7-20所示。同理，设置其他文字，效果如图7-21所示。

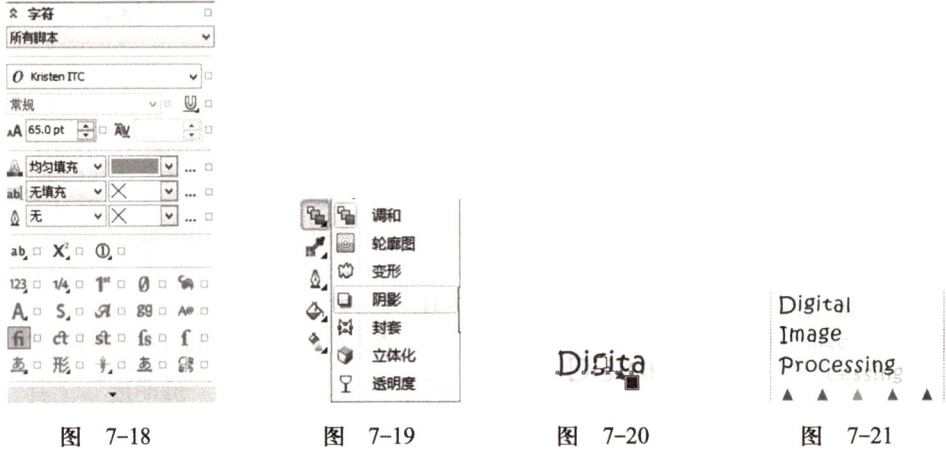

图 7-18   图 7-19   图 7-20   图 7-21

3. 书脊制作

1）使用"矩形工具" ▭ ，在页面中画一个矩形，大小为25mm×65mm。按<Shift+F11>组合键打开"均匀填充"对话框，设置颜色为（C0、M100、Y58、K0），单击"确定"按钮，完成矩形的填充。右击调色板上部的⊠按钮，取消轮廓线。

2）使用"矩形工具" ▭ ，在页面中画一个矩形，大小为6.5mm×65mm。按<Shift+F11>组合键打开"均匀填充"对话框，设置颜色为（C42、M100、Y100、K12），单击"确定"按钮，完成矩形的填充。右击调色板上部的⊠按钮，取消轮廓线。按<Ctrl+D>组合键多复制一个，调整位置。

3）使用"多边形工具" ⬠ ，调整边数为3，在页面中画一个正三角形，边长为6.5mm，按<Shift+F11>组合键打开"均匀填充"对话框，设置颜色为（C2、M0、Y27、K0），单击"确定"按钮，完成方形的填充。右击调色板上部的⊠按钮，取消轮廓线。使用"多边形工具" ⬠ ，在大三角形中再画一个小三角形，颜色为（C0、M100、Y58、K0）。调整位置，效果如图7-22所示。

4）选择"文本工具"，在合适的位置单击鼠标左键，出现"I"形插入文本光标。按<Ctrl+T>组合键打开"文本属性"对话框，选择字体，以及设置字号、字符、文本方向（垂直）和颜色（C0、M100、Y58、K0）的属性，如图7-23所示。设置完成后，直接输入文本"数字图像处理"。同理，在页面上输入"CorelDRAW"和"一美出版社"，调整好位置，效果如图7-24、图7-25所示。

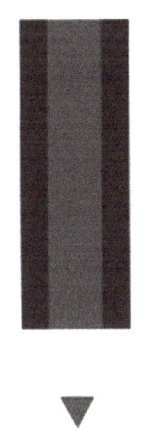

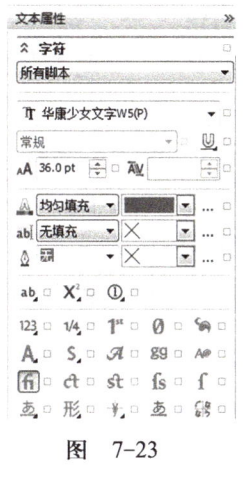

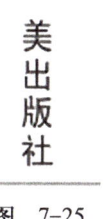

| 图 7-22 | 图 7-23 | 图 7-24 | 图 7-25 |

4. 封底制作

1）使用"文本工具"，在合适的位置单击鼠标左键，出现"I"形插入文本光标，按<Ctrl+T>组合键打开"文本属性"对话框，选择字体，以及设置字号、字符、文本方向（垂直）和颜色（C48、M98、Y41、K0）的属性，如图7-26所示。设置完成后，直接输入文本"About CoreDRAW"，按<Ctrl+K>组合键拆分美术字，调整好位置，如图7-27所示。

| 图 7-26 | 图 7-27 |

2）使用"标注工具"，在合适的位置单击鼠标左键拖拉标注图案，调整大小及位置，如图7-28所示。按图7-29所示，直接输入文本"CorelDRAW……CorelDRAW。"，调整好位置。

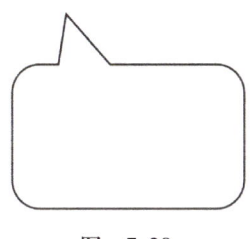

| 图 7-28 | 图 7-29 |

3）添加条码。执行"菜单"→"编辑"→"插入条码"命令，出现"条码导向"对话框，如图7-30所示。选择"ISBN"书籍专属编码，然后输入条码数字"999999999"，单击"下一步"按钮，在弹出的对话框中设置好"打印机分辨率""条形码高度"等参数，如图7-31所示。单击"高级（D）"按钮，在"高级选项"对话框中单击"附加978（A）"单选按钮，再单击"确定"按钮，如图7-32所示。回到图7-31，单击"下一步"按钮，完成条码的参数设置。在条码跟随鼠标移动时，在页面上找到适合的位置，单击鼠标，完成条码的插入操作，效果如图7-33所示。

图 7-30　　　　　　　　　　　　　　图 7-31

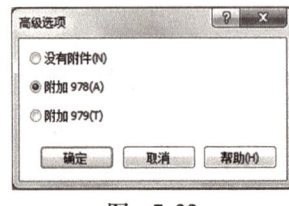

图 7-32

图 7-33

4）使用"文本工具"，输入文本"定价：39.00元"，一般的书籍定价都放置在封底的右下角。因此将其调整到条码的下方。

封面与封底的完成效果如图7-34所示。

图 7-34

任务拓展

知识要求：运用几何图形工具和手绘工具绘制图形，挑选工具进行图形编辑和变换，填充和描边工具进行填色，文字工具添加文字，变形工具和封套工具更换对象的形状，透明工具调整对象的色彩，制作完成拓展任务。

1）根据所学的内容，完成书籍的立体效果图。

2）根据所学的内容，完成如图7-35所示的封面与封底设计。

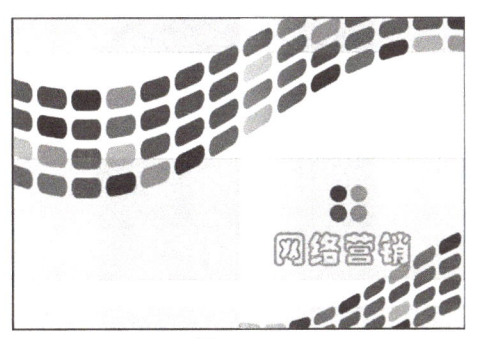

图　7-35

任务2　设计章前页

任务分析

文章著作属于长篇形式文体，为了便于读者理解文章的整体结构，对文章进行段落划分，将其分为部分、篇、章、节等，按大、中、小的顺序加以编排，根据各部分内容的性质酌情增加适当的标题。为了突出这些层次的关系，可以用一种与内文不同的版式。如果一本书既有部分，也有篇、章，可以将部分的前面设计为2页，而篇（章）前页设计为1页就足够。篇（章）前页包含了本篇（章）的名称、内容简介、章（节）的摘要等，篇（章）起到承上启下的作用。

承接封面与封底的设计，在章前页设计中以紫色为主色调，文字的设计采用传统的元素。整体风格简洁大方。

章前页制作主要用到了几何图形工具、形状工具、图框精确剪裁工具、文字工具以及对应的属性编辑命令。要求学生能够熟练使用工具完成章前页的制作。

任务实施

启动CorelDRAW X6，执行"文件"→"新建"命令，或者按<Ctrl+N>组合键，在打开的"创建新文档"对话框中，修改页面尺寸为210mm×285mm，单击"确定"按钮，新建一个图形文件。

1. 绘制背景图

鼠标双击工具箱中的"矩形工具"，即可生成一个和工作区版面大小一样的矩形，修改右上方的倒角值为35mm。按<Shift+F11>组合键打开"均匀填充"对话框，设置颜色为（C48、M98、Y41、K1），单击"确定"按钮，完成矩形的填充。右击调色板上部的⊠按钮，取消轮廓线。按<Ctrl+D>组合键多复制一个，无填充颜色，线粗为0.2mm，设置颜色为（C6、M55、Y0、K0）。点选两个对象，打开"对齐与分布工具"对话框，分别进行"水平居中对齐""垂直居中对齐"操作，效果如图7-36所示。

图 7-36

2. 添加文字

1）使用"文本工具"，在合适的位置单击鼠标左键，出现"I"形插入文本光标，按<Ctrl+T>组合键打开"文本属性"对话框，设置字体、字号，并设置字符颜色为白色，如图7-37所示。设置完成后，直接输入文本"第一章"。

2）继续使用"文本工具"，单击鼠标左键，打开"文本属性"对话框，设置字体、字号，以及字符颜色设为白色，如图7-38所示，设置完成后，直接输入文本"了解CorelDRAW——CorelDRAW的工具"，调整两者的位置，效果如图7-39所示。

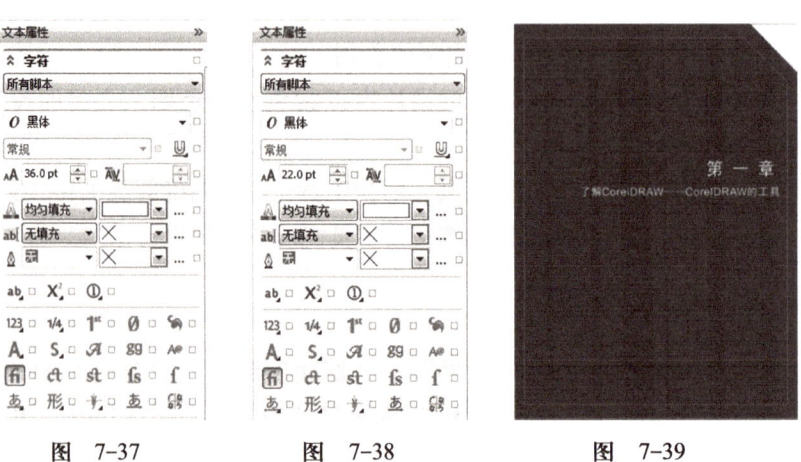

图 7-37   图 7-38   图 7-39

3. 添加线条修饰

使用"2点工具"，在名称和内容之间画一条直线，在属性面板上修改线粗为

0.25mm、颜色为（C6、M55、Y0、K0）。按<Ctrl+D>组合键多复制一条线，颜色为白色。按<Ctrl+D>组合键多复制一条线，颜色为白色，线粗为0.5mm，调整线条的位置，效果如图7-40所示。

图 7-40

4．添加图案

1）使用"矩形工具"，在页面中画一个矩形，大小为47mm×31mm，按无填充颜色，线粗为1mm，线的颜色为（C58、M54、Y47、K0）。

2）导入图片。执行菜单栏中的"文件"→"导入"命令，分别选择"01.jpg"文件，将图片导入。执行菜单栏中的"效果"→"图框精确剪裁"→"置于文本框内部"命令，单击"编辑PowerClip"，如图7-41所示，调整图片的大小及位置，结束编辑。

3）同理，用同样的方法添加图片02.jpg、03.jpg、04.jpg，章前页的完成效果如图7-42所示。

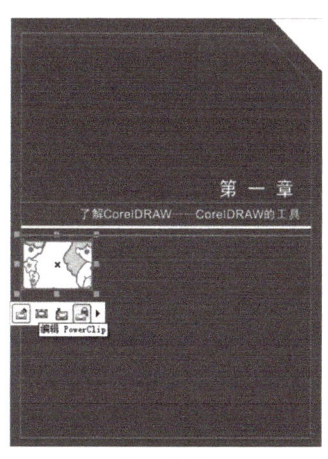

图 7-41

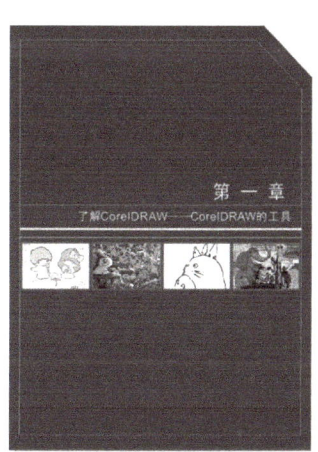

图 7-42

任务拓展

知识要求：运用几何图形工具和手绘工具绘制图形，用挑选工具进行图形编辑和变换，用填充和描边工具进行填色，用文字工具添加文字，用调和工具调整对象的颜色序列，用图框精确剪裁工具修饰图形，制作完成如图7-43所示的章前页。

图　7-43

▶▶▶ ## 任务3　设计目录

任务分析

目录是每一本书籍必不可少的组成部分。它是将整本书提炼出一个简单的索引，读者看到目录就能对这本书有一个大致的了解。目录收录了章节的具体页码，读者只要看到目录的页码就可以快速地查看到想要浏览的章节。一个好的目录设计应该是为读者提供一个最方便的查看方式，所以，版面设计要简洁、大方，可以根据书籍内容的多少设计为一页或多页。

承接封面与封底的设计，在目录页设计中以紫色为主色调，文字的设计采用传统的元素。整体风格简朴大方。

目录页制作主要用到了几何图形工具、形状工具、文字工具以及对应的属性编辑命令。要求学生能够熟练使用工具完成目录页的制作。

任务实施

启动CorelDRAW X6，执行"文件"→"新建"命令，或者按<Ctrl+N>组合键，在打开的"创建新文档"对话框中修改页面为210mm×285mm大小，单击"确定"按钮，新建一个图形文件。

1. 绘制背景图

使用"矩形工具"　，在页面中画一个矩形，大小为80mm×80mm，将其转换为曲线。使用"形状工具"　，删除一个节点，矩形变成三角形，用鼠标选中三角形的斜边并拖动控制手柄将其变成弧线，松开鼠标，将其拖动到页面的右上角。

按<Shift+F11>组合键打开"均匀填充"对话框，设置颜色为（C48、M98、Y41、K1），单击"确定"按钮，完成三角形的填充。右击调色板上部的⊠按钮，取消轮廓线。按<Alt+F8>组合键旋转并生成一个副本，将其拖动到页面的左下角，效果如图7-44所示。

图　7-44

2. 添加文字

1）使用"文本工具"，在合适的位置单击鼠标左键，出现"I"形插入文本光标，按<Ctrl+T>组合键打开"文本属性"对话框，设置字体、字号，字符颜色为黑色，如图7-45所示。设置完成后，直接输入文本"目录，调整好位置，效果如图7-46所示。

图　7-45

图　7-46

2）使用"文本工具"，在合适的位置单击鼠标左键，出现"I"形插入文本光标，按<Ctrl+T>组合键打开"文本属性"对话框，选择字体，以及设置字号、字符、文本方向（垂直）和颜色（C48、M98、Y41、K0）属性，如图7-47所示。设置完成后，直接输入文本"About CoreDRAW"，按<Ctrl+K>组合键拆分美术字，调整好位置。同理，使用"文本工具"，字号为"24pt"，字体为"华康少女文字W5

（P）"，颜色为黑色，输入"●基本知识"，效果如图7-48所示。

3）执行"菜单"→"导入"命令，选择素材库中的"目录文字.DOC"文件，导入目录的文字，如图7-49所示。适当调整文本框的文字大小及位置。

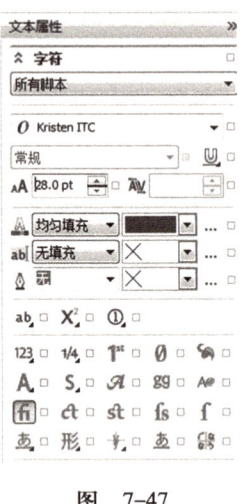

图 7-47

图 7-48

图 7-49

3. 保存文件

目录页的完成效果如图7-50所示。

图 7-50

任务拓展

知识要求：运用几何图形工具和手绘工具绘制图形，用挑选工具进行图形编辑和变换，用填充和描边工具进行填色，用文字工具添加文字，制作完成如图7-51所示的目录页。

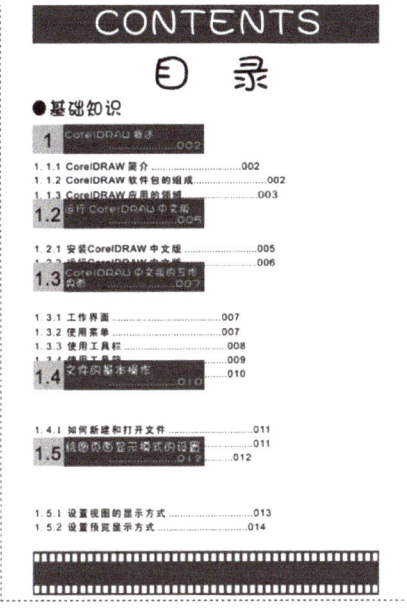

图 7-51

▶▶▶ 项目评价

整个评价分为项目设计阶段、项目制作阶段、成果展示阶段。评价学生在整个项目学习过程中的学习态度、团队合作能力、行业知识熟悉能力、语言沟通能力、软件使用和再学习能力。具体操作见表7-1。

表7-1 包装盒设计项目评价

项 目 名 称		一美出版社"数字图像处理——CorelDRAW"书籍装帧设计			
评价项目		具 体 内 容	评　分		
			自　评	同学间互评	教 师 协 调
设计阶段	情感态度	配合老师分组活动			
		是否大胆发表个人想法			
		积极参与项目构思			
		主动查阅相关行业资料			
	合作交流	主动与同学沟通和讨论			
		认真倾听同学的意见和观点			
		沟通过程中语言表达准确			
	知识学习	书籍装帧知识的掌握			
		书籍装帧设计的内容			
		书籍装帧设计的流程			
	实践活动	是否做好自己的工作			
制作阶段	软件综合使用能力	图形工具使用能力			
		文字工具使用能力			
		形状工具使用能力			

项目 7 书籍装帧设计

— 169 —

（续）

项 目 名 称		一美出版社"数字图像处理——CorelDRAW"书籍装帧设计			
评 价 项 目		具 体 内 容	评 分		
			自 评	同学间互评	教 师 协 调
制作阶段	软件综合使用能力	造型工具能力			
		复杂图形编辑能力			
		版面设计能力			
	任务完成能力	任务1：设计封面与封底			
		任务2：设计章前页			
		任务3：设计目录			
成果展示		将制作结果以（ ）的方式呈现。效果如何			
我的收获					

▶▶▶ 实战强化

实战要求

为厦厦出版社的新书"十大海岛之精挑细选——衣食住行"设计书籍装帧设计，内容包括：

1）封面与封底设计。

2）章前页设计。

3）目录设计。

4）内文版式设计。

设计描述

1. 企业介绍

厦厦出版社经过几十多年的发展，现已成为一家特色鲜明、品牌成熟，并有较强市场影响力和社会影响力的出版社。厦厦出版社以"蕴大学精神，铸学术精品"为核心价值观，以繁荣学术、积累文化、传播知识为己任，走高端文化出版路线，坚持"学术为本、教材优先"的出书方针，实现了高质量、高水平、有特色的图书结构。积极拓展市场，调整结构，提升产业素质，全力打造国际知名国内富有影响力的综合性文艺出版社新形象。

2. 设计分析

通过团体合作，分组进行以下步骤：

1）小组讨论，通过对品牌理念的解读，确定包装盒设计的色彩、图案、文字。

2）设计调查问卷，发送给不同职业、年龄的人群，通过对调查结果的分析，确定包装盒应采用哪种表现形式。

3）小组分工，搜索同行业案例，对它们进行分析，确定包装盒的独特性。

4）对以上分析进行总结归纳，并最终确定包装盒设计的方案。

3. 设计完成

 **小结**

本项目通过封面与封底、章前页和目录这3个任务来学习书籍装帧设计，把复杂的书籍装帧设计拆分开来分别绘制，就形成了若干个相对简单的页面。当然，这样做就有可能会出现整书外部和效果与内文版式的不统一。所以需要合理地拆分任务，不要把设计风格搞得太混乱，否则就会影响书籍装帧设计的流程和效果。

项目8 户外广告设计 <<<

▶▶▶ 项目概述

本项目主要是以户外广告设计为主，重点学习CorelDRAW软件进行户外设计的各种方法，所涉及的命令有位图的导入与编辑、图形效果处理、交互式阴影工具等。

▶▶▶ 学习目标

知识目标：了解户外广告的基本特征，掌握户外广告创意设计的基本方法。

技能目标：掌握户外广告设计的步骤，位图的导入与编辑、图形效果处理、交互阴影工具，熟练使用文字工具、矩形工具等的使用。

情感目标：设计的灵感来源大自然，学会人与自然和谐共处。

▶▶▶ 项目描述

本项目是为一间Smile Café咖啡店设计系列户外广告。

客户：Smile Café咖啡店

客户提供信息：

Smile Café咖啡店是一间坚持以"Smile in your life"为经营理念的咖啡店。它注重精选天然、优质、健康的食材原料，搭配专业的制作工艺与创意，将最完美、健康的产品呈现给消费者。

客户要求：设计一套户外广告。

通过与客户的沟通、对市场的调研以及对同行业案例的分析，我们基本在户外广告系统构建的方向上达成了共识，对系统的分析分为以下三大方向。

1. 标识系统

Smile Café咖啡店的VI特点是外形活泼、色彩丰富、突出特征、品牌感强，如图8-1、图8-2所示。

图 8-1

图 8-2

2. 色彩系统

我们对几种适合咖啡店的色彩系统进行分析，颜色都很饱和，显得很高档，每个颜色都有内在含义，针对咖啡店的室内外环境，标志使用咖啡色、绿色、红色和白色，店内以咖啡色为主色调，整体色调很统一，让顾客在里面有悠闲、温馨的感觉。我们将在做户外广告时进行选择和运用。

3. 环境系统

咖啡店位于步行街的中段，街头有步行街店铺的指引宣传灯箱，步行街管理方允许在店铺外张贴广告招贴、墙面广告等。

因此，对环境系统设计的要求是干净整洁、多而不乱、色调温馨富有生命力、富有创意。

针对Smile Café咖啡店的具体情况，展开了户外广告设计的构建工作。下面将户外广告系统中可操作性较强的整个项目分解为2个任务过程。

任务1：灯箱广告的设计

任务2：墙面广告的设计

户外广告是一种典型的城市广告形式，随着人们旅游和休闲活动的增多以及高新科技的广泛运用，户外广告不仅仅是广告业发展的一种传播媒介手段，而且是现代化城市环境建设布局中的一个重要组成部分，同时也是现代大都市的一道靓丽的景观。

▶▶▶ 任务1　设计灯箱广告

任务分析

通过对咖啡店标识、色彩、环境等系统要素的归纳、分析、总结，以及与客户初步的意见探讨，咖啡店的户外灯箱需突出咖啡店的标志及理念，因此将表现形式定位为"以图形类为主"。广告文案如下：

广告语：Smile in your life
随文：Smile Café
广州市××路××号
020-83001234
www.smilecafe.com

灯箱制作主要用到了几何图形工具、椭圆工具、挑选工具、文字工具、渐变填充工具、位图操作以及对应的属性编辑命令。要求学生能够熟练使用对应的工具完成灯箱制作，并能举一反三地应用。

灯箱设计草图如图8-3所示。

图 8-3

任务实施

启动CorelDRAW X6，执行"文件"→"新建"命令，或者按<Ctrl+N>组合键，在打开的"创建新文档"对话框中单击"确定"按钮，新建一个图形文件。新建的页面为900mm×600mm大小，原色模式必须为CMYK，如图8-4所示。

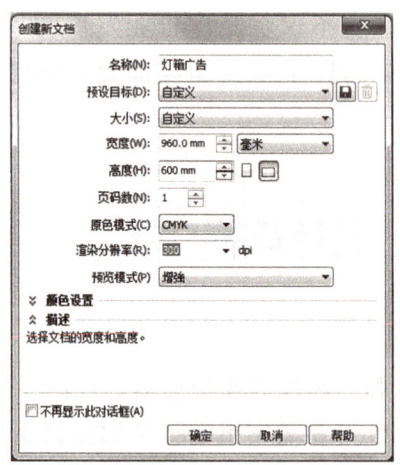

图 8-4

1. 绘制灯箱的背景

1）使用"矩形工具"，拖曳鼠标，在页面中画一个矩形，如图8-5所示。打开"填充"对话框，如图8-6所示设置参数，选择"圆锥"→"双色调和"，颜色为自"50%黑色"至"白色"渐变，单击"确定"按钮，完成矩形的填充，右击调色板上部的按钮，取消轮廓线，效果如图8-7所示。

2）接下来需要将矩形变成圆角矩形。按<F10>键，快速选中"形状"工具，选中矩形边角的节点，按鼠标左键拖曳方形边角的节点，如图8-8所示，可以改变边角的圆滑程度，松开鼠标左键，圆角矩形的效果如图8-9所示。

3）绘制主背景。使用"选择工具"选中圆角矩形，按住<Shift>键的同时，按住鼠标左键向内拖曳到合适位置，按下鼠标右键的同时放开鼠标左键，缩小并复制一个圆角矩形。按<Shift+F11>组合键，打开"均匀填充"对话框，设置小圆角矩形颜色为（C60、M82、Y100、K47），最后效果如图8-10所示。

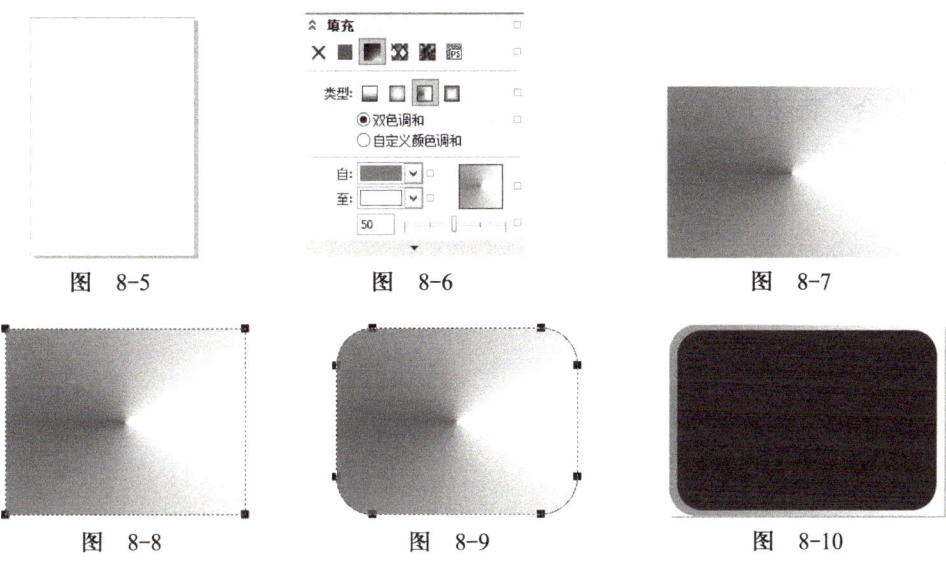

图 8-5　　　　　　　　图 8-6　　　　　　　　图 8-7

图 8-8　　　　　　　　图 8-9　　　　　　　　图 8-10

2. 导入咖啡杯及编辑

1）执行"文件"→"导入"命令，打开"导入"对话框，选择"cup-a.png"文件，将咖啡杯导入，如图8-11所示。将咖啡杯进行放大并使用"修剪"工具进行修剪，如图8-12所示。同理，导入Cream的图形，如图8-13所示。

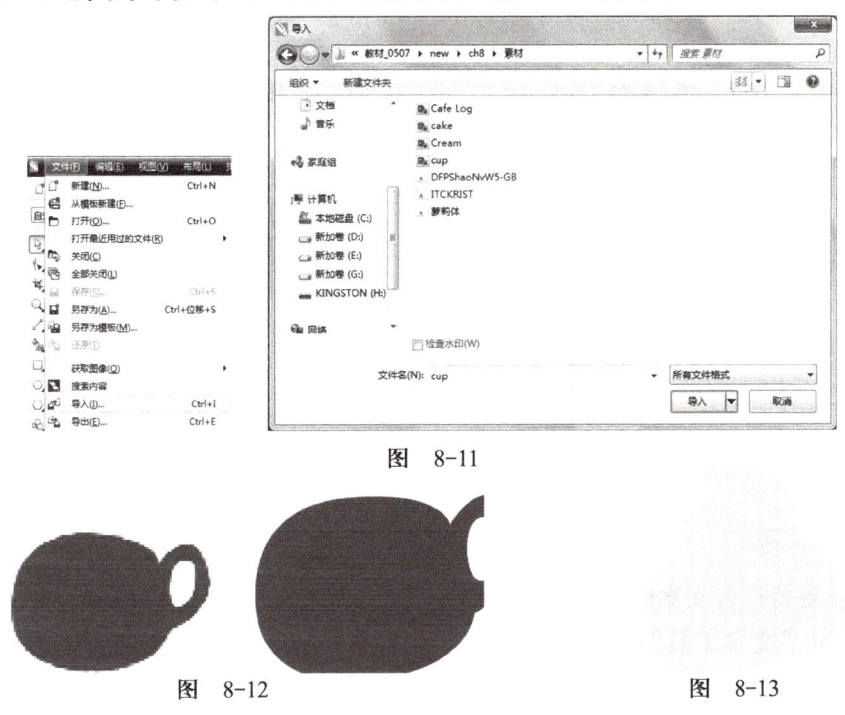

图　8-11

图　8-12　　　　　　　　　　　　　　图　8-13

2）绘制笑脸。使用"贝塞尔"工具，设置参数如图8-14所示。绘制笑的嘴线，如图8-15所示。使用"文字"工具，字体为"华康少女文字W5（P）"，字号为"100pt"，如图8-16所示，输入"XX"，用鼠标将其拖到嘴线，形成笑脸图形，如图8-17所示。单击鼠标右键，在弹出的快捷菜单中执行"群组"命令将它们群组起来，如图8-18所示。多复制一个笑脸，修改颜色为黑色，将其调整到咖啡杯上，如图8-19所示。

3）组合。将杯子、Cream、笑脸调整到合适的位置，则灯箱的图形部分完成，效果如图8-20所示。

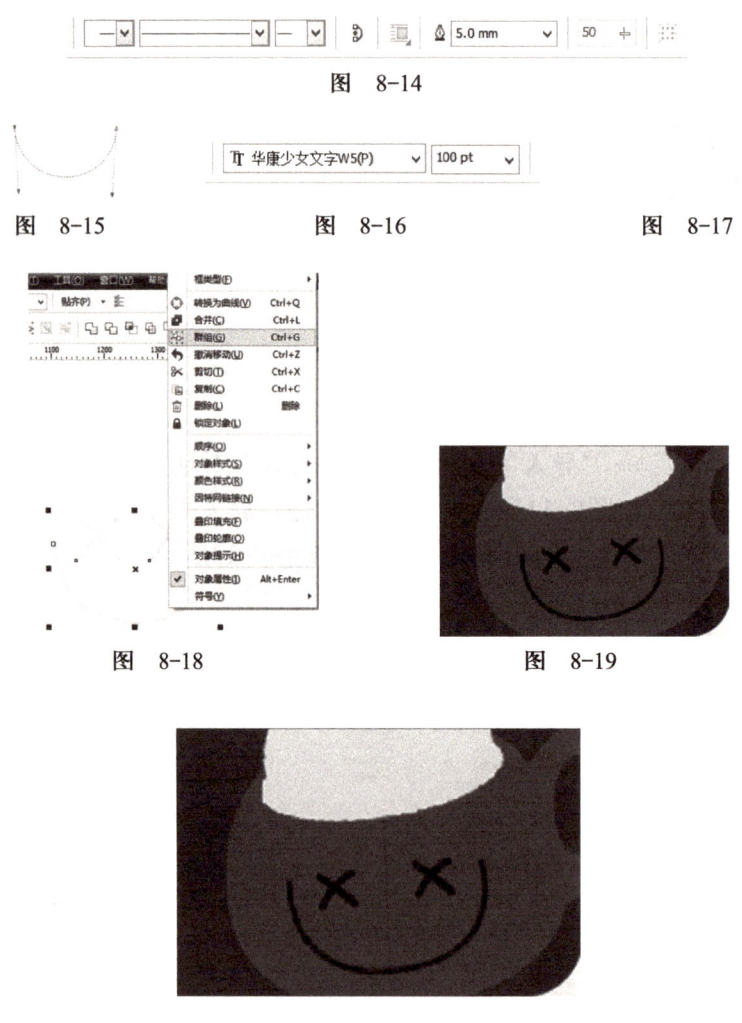

图 8-14

图 8-15　　　　　　图 8-16　　　　　　图 8-17

图 8-18　　　　　　　　　　图 8-19

图 8-20

3. 广告文案

下面需要将广告文案的文字添加上去。

1）使用"文本工具"，在右方合适的位置单击鼠标左键，出现"I"形插入文本光标，属性栏显示为"文本"属性，选择字体、字号和字符属性，如图8-21所示。设置完成后，直接输入文本"Smile in your life"，并填充颜色。

图 8-21

2）光标定位在文字，按<Ctrl+K>组合键，打散文字，填充颜色，调整位置，效果如图8-22所示。

3）再次使用"文字工具"，字体为"华康少女文字W5（P）"，字号为"200pt"，输入"Smile Cafe"，按<Shift+F11>组合键，在弹出的"颜色填充"对话框中设置颜色为（C33、M42、Y0、K0），调整位置，完成效果如图8-23所示。

4）使用"阴影"工具，逐一选择"Smile in your life"，设置适当的阴影，令文字有立体感。

图　8-22　　　　　　　　　　　　　　　　图　8-23

4. 制作灯箱的背面效果图

首先插入"新一空白页"，然后使用矩形工具、文字工具、导入位图等工具制作灯箱的背面效果图，如图8-24所示。

（1）绘制灯箱的立体效果图

在CorelDRAW X6中，单击工具箱中的"矩形工具" ▭，在绘图页面按住鼠标左键不放，拖曳鼠标到需要的位置，松开鼠标左键，完成矩形的绘制。需要将矩形变成圆角矩形。按<F10>键，快速选中"形状"工具 ↖，选中矩形边角的节点，按下鼠标左键拖曳方形边角的节点，可以改变边角的圆滑程度。按<Ctrl+D>组合键，在绘图中心以当前点为中心绘制矩形。修改第二个矩形大小为90%。选取两个矩形，按<Ctrl+L>组合键，将两个矩形合并，即为灯箱图案，如图8-25所示。

图　8-24　　　　　　　　　　　　　　　　图　8-25

（2）添加灯箱正面效果

1）回到页1，选取所有对象，按<Ctrl+C>组合键进行复制，回到页3，按<Ctrl+V>组合键进行粘贴，将灯箱的正面效果粘贴到第3页中将它们调整大小与灯箱相符合，按<Ctrl+G>组合键进行组合。

2）双击图形，如图8-26所示。鼠标点向 ↕，然后向上拖曳，调整角度为10°到适合的位置，效果如图8-27所示。

图 8-26　　　　　　　　　　　　　　　图 8-27

任务拓展

知识要求：运用几何图形工具绘制图形，挑选工具进行图形编辑和变换，填充和描边工具进行填色，文字工具添加文字，变形工具和封套工具更换对象的形状，制作完成拓展任务。

1）根据所学内容，自己动手完成如图8-28所示的灯箱。

2）根据所学内容，自己动手完成如图8-29所示的灯箱。

图 8-28　　　　　　　　　　　　　　　图 8-29

▶▶▶ 任务2　设计墙面广告

任务分析

通过对咖啡店标识、色彩、环境等系统要素的归纳、分析、总结，以及与客户初步的意见探讨，咖啡店的户外墙面广告应突出咖啡店的标志及理念，卖点是新款的"草莓蛋糕"，广告文案如下：

广告语：Smile in your life

标题：New Arrival

随文：Smile Café

广州市××路××号

　　　www.smilecafe.com

墙面广告制作主要用到了几何图形工具、椭圆工具、贝塞尔工具、文字工具、渐变填充工具、位图操作以及对应的属性编辑命令。要求学生能够熟练使用对应的工具完成墙面广告制作，并能举一反三地应用。

墙面广告设计草图如图8-30所示。

图　8-30

任务实施

启动CorelDRAW X6，执行"文件"→"新建"命令，或者按<Ctrl+N>组合键，在打开的"创建新文档"对话框中单击"确定"按钮，新建一个图形文件。新建的页面为3000mm×1200mm大小，原色模式必须为CMYK，如图8-31所示。

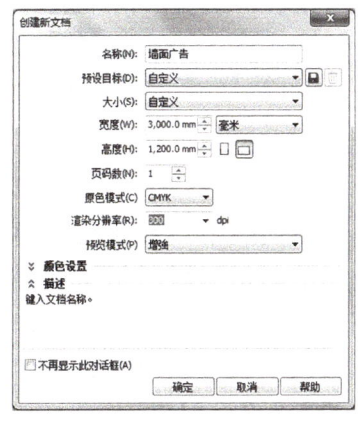

图　8-31

1. 绘制墙面的背景

使用"矩形工具" ▢，在页面中画一个矩形，按<Shift+F11>组合键打开"均匀填充"对话框，设置颜色为（C59、M80、Y100、K43），单击"确定"按钮，完成矩形的填充，右击调色板上部的⊠按钮，取消轮廓线，效果如图8-32所示。

图 8-32

2. 绘制草莓蛋糕

（1）绘制蛋糕体

1）使用"矩形工具" ▢，在页面中画一个矩形，按<Shift+F11>组合键打开"均匀填充"对话框，设置颜色为（C0、M76、Y49、K0），单击"确定"按钮，完成矩形的填充，右击调色板上部的⊠按钮，取消轮廓线。选择"封套工具" ▨，拖拉矩形的两条长边，变成弧线，效果如图8-33所示。按<Ctrl+D>组合键，在绘图中心以当前点为中心多复制一层"粉色"蛋糕体，填充颜色为（C0、M27、Y42、K0）。

2）使用"椭圆工具"，在页面中画一个椭圆，按<Shift+F11>组合键打开"均匀填充"对话框，设置颜色为（C0、M76、Y49、K0），单击"确定"按钮，完成椭圆形的填充，右击调色板上部的⊠按钮，取消轮廓线，效果如图8-34所示。将两层蛋糕和蛋糕面调整好位置，组合一起，效果如图8-35所示。

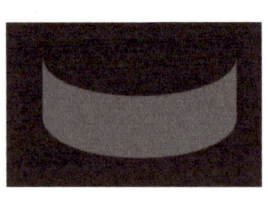 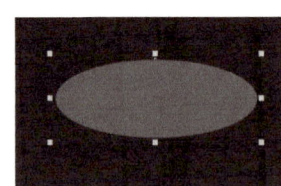 

图 8-33   图 8-34   图 8-35

（2）绘制草莓

1）使用"贝塞尔"工具，绘制草莓，填充颜色为（C0、M76、Y49、K0），如图8-36所示。选择"椭圆工具"，在页面中画一个黑色椭圆（草莓表面的黑点），如图8-37所示。复制多个黑色椭圆，调整到草莓上，如图8-38所示。

2）使用"贝塞尔"工具，绘制草莓蒂，填充颜色为（C47、M0、Y96、K0），调整到草莓上，如图8-39所示，并组合在一起。

图 8-36

图 8-37

图 8-38

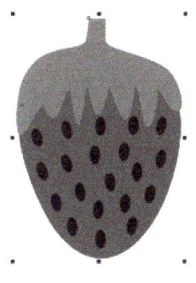
图 8-39

（3）绘制Cream

使用"贝塞尔"工具，绘制蛋糕上的Cream，填充颜色为（C0、M17、Y25、K0），如图8-40所示。绘制Cream的4瓣立面，填充颜色为（C0、M27、Y42、K0），如图8-41所示。分别将Cream和草莓调整到蛋糕面上，并组合在一起，如图8-42所示。

图 8-40

图 8-41

图 8-42

（4）修饰蛋糕

使用"椭圆工具"，在页面中画1个椭圆，填充颜色为（C0、M76、Y49、K0）。复制多个粉色椭圆，调整到蛋糕边，如图8-43所示。为了突出"草莓蛋糕"这一广告卖点，使用"星形工具"画一个黄色（C5、M0、Y69、K0）星形作为蛋糕的衬底，如图8-44所示。调整各个图形到合适的位置，蛋糕的效果如图8-45所示。

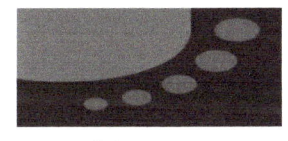
图 8-43

图 8-44

图 8-45

（5）导入标志、咖啡杯等

执行菜单栏中的"文件"→"导入"命令，分别选择"café Log.png""cup-b.png""Cream.png"，将标志、咖啡杯等导入，放大调整好位置，如图8-46所示。

图 8-46

3. 广告文案

下面需要将广告文案的文字添加上去。

使用"文本工具"，在右方合适的位置单击鼠标左键，出现"I"形插入文本光标，属性栏显示为"文本"属性，选择字体、字号和字符属性，设置完成后，直接输入文本"Smile in your life"，并填充颜色，如图8-47所示。

图 8-47

任务拓展

利用累积的知识，自己动手完成如图8-48所示的户外宣传喷画。

知识要求：运用几何图形工具绘制图形，挑选工具进行图形编辑和变换，填充和描边工具进行填色，文字工具添加文字，变形工具和封套工具更换对象的形状，制作完成拓展任务。

图 8-48

▶▶▶ 项目评价

整个评价分为项目设计阶段、项目制作阶段、成果展示阶段。评价学生在整个项目学习过程中的学习态度、团队合作能力、行业知识熟悉能力、语言沟通能力、软件使用和再学习能力。具体操作见表8-1。

表8-1　户外广告设计项目评价

项目名称		Smile Café店户外广告设计			
评价项目		具体内容	评分		
			自评	同学间互评	教师协调
设计阶段	情感态度	配合老师分组活动			
		是否大胆发表个人想法			
		积极参与项目构思			
		主动查阅相关行业资料			
	合作交流	主动与同学沟通和讨论			
		认真倾听同学的意见和观点			
		沟通过程中语言表达准确			
	知识学习	户外广告知识的掌握			
		户外广告设计的相关内容			
		户外广告设计流程			
	实践活动	是否做好自己的工作			
制作阶段	软件综合使用能力	基础图形工具（矩形、椭圆等）使用能力			
		文字工具使用能力			
		颜色和填充工具使用能力			
		复杂图形编辑能力			
		对象基本编辑和处理能力			
		版面设计能力			
	任务完成能力	任务1：设计灯箱广告			
		任务2：设计墙面广告			
成果展示		将制作结果以（　）的方式呈现。效果如何			
我的收获					

▶▶▶ 实战强化

实战要求

为"yoyo"蛋糕店设计户外广告，内容包括：

1) 蛋糕店户外的宣传海报。

2) 蛋糕店广告灯箱设计。

设计描述

1. 企业介绍

"yoyo"蛋糕店是一家私营企业。

公司主要经营生日蛋糕、婚礼蛋糕、中西式糕点、各式面包等糕点的制作业务。公司自成立以来在市场上有一定的领先优势。现如今重点专攻儿童糕点，原材料全部采用绿色有机食材，不添加人工添加剂，传递"健康、自然、美味"的饮食概念，以"产品和服务"为工作的核心；遵循"持续改进立异，超越顾客需求"的经营方针。

2. 设计分析

户外广告系统分析。通过团体合作，分组进行以下步骤：

1）小组讨论，通过品牌理念的解读确定户外广告设计的色彩、广告文案。

2）设计调查问卷，发送给不同职业、年龄的人群，通过对结果的分析确定户外广告应采用哪种表现形式。

3）小组分工，搜索同行业案例，对它们进行分析确定广告的独特性。

4）对以上分析进行总结归纳，并最终确定户外广告方案。

系统的分工合作完成。

▶▶▶ 小结

在进行户外广告的创意设计时，大家要运用各种各样的方法抓住和强调主体本身与众不同的特征，鲜明地表现出来，将这些特征置于广告画面的主要视觉部位或加以烘托处理，使观众能够在接触的瞬间就能强烈感受到所要表达的思想，并对其产生视觉兴趣，达到广告诉求的效果。

项目9　网页界面设计 <<<

▶▶▶ 项目概述

　　如今，网络成为人们文化生活中不可或缺的一部分，网站的设计与建设也变得非常重要。人们可以通过门户网站更好地查找自己需要的信息。本项目主要内容为网站界面的设计。以幼儿园为主题，通过对客户需求的分析，对幼儿园网站界面定位并进行界面设计。

▶▶▶ 学习目标

　　知识目标：掌握复杂图形的编辑方法，了解网页界面设计的基础常识，了解网页界面设计的基本流程。

　　技能目标：能根据客户的需求，应用该软件的工具进行网页界面设计的能力。

　　情感目标：具备较强的自助学习能力、分析与解决问题的能力，具备良好的服务意识和团队合作协调精神。

▶▶▶ 项目描述

　　本项目为地方幼儿园设计网站主页。

　　客户：幼儿园。

　　客户要求：帮助幼儿园建立有效的幼儿形象宣传、幼儿园风采展示、幼儿园招生宣传，打造幼儿园新形象，突出幼儿园的特色教育模式；充分利用网络进行信息传递，对幼儿园的新闻进行及时的报道；为幼儿园和学生提供网上开发平台，增加系统内外信息互通、经验交流；通过网站链接可以看到孩子的平时表现（包括用图片、视频展示）；通过网站首页展示幼儿作品等。

　　网站首页（主页）作为幼儿园与外界的连接窗口，要定位好本网站在Internet上扮演什么角色，要向浏览者传达什么样的核心概念，透过网站发挥什么样的作用；因此网站的定位相当关键，换句话说，定位是网站建设的策略，网站架构、内容、表现等都围绕这些定位展开。

1. 网站的风格定位

　　幼儿园体现清爽、可爱、活泼、不拘一格的特点，网站整体基调主要以阳光、活泼色彩为主，背景可以搭配对比色彩加以强烈反差，开头装饰吉祥物、Logo、幼儿漫画、各种图形等元素，让人看上去充满活力，内文以暖色调为主，配以各种图形图案，点缀亮色色彩，以突出内容，画面更有冲击力，看上去充满调皮、活泼、阳光的气息。

2. 网站栏目内容设计

以突出校园为主，通过增加栏目以细化版块，丰富整个网站的内容，通过诠释幼儿园经营理念，使得浏览者能够更全面地了解幼儿园的教育师资、学校环境、学生生活等。

3. 网站的元素

网站形象设计：网站的标志、标准色彩、标准字体、广告词。

网站栏目设置：文字内容、动画图片、动态影像或音乐。

网页设计一般分为3大类：功能型网页设计、形象型网页设计（品牌形象站）、信息型网页设计（门户站）。设计网页的目的不同，应选择不同的网页策划与设计方案。

网页设计的工作目标，是通过使用更合理的颜色、字体、图片、样式进行页面设计美化，在功能限定的情况下，尽可能给予用户完美的视觉体验。高级的网页设计甚至会考虑到通过声光、交互等来实现更好的试听感受。

4. 设计流程

网页设计必须首先明确设计站点的目的和用户的需求，从而做出切实可行的设计方案。

1）需要根据消费者的需求、市场的状况、企业自身的情况等进行综合分析，从而建立起营销模型。

2）以业务目标为中心进行功能策划，制作出栏目结构关系图。

3）以满足用户体验设计为目标，使用axure rp或同类软件进行页面策划，制作出交互用例。

4）以页面精美化设计为目标，使用PS、AI、CDR等软件，调整、使用更合理的颜色、字体、图片、样式进行页面设计美化。

5）根据用户反馈，进行页面设计调整，以达到最优效果。

5. 设计目标

1）业务逻辑清晰，能清楚地向浏览者传递信息，浏览者能方便地寻找到自己想要查看的东西。

2）用户体验良好，用户在视觉和操作上都能感到很舒适。

3）页面设计精美，用户能得到美好的视觉体验，不会为一些糟糕的细节而感到不适。

4）建站目标明晰，网页很好地实现了企业建站的目标，向用户传递了某种信息，或展示了产品、服务、理念、文化。

6．设计思路

1）简洁实用：这是非常重要的。在网络特殊环境下，尽量以最高效率的方式将用户所想要得到的信息传送给他就是最好的，所以要去掉所有的冗余东西。

2）使用方便：同第一个是相一致的，满足使用者的要求，网页做得越适合使用，就越显示出其功能美。

3）整体性好：一个网站强调的就是一个整体，只有围绕一个统一的目标所做的设计才是成功的。

4）网站形象突出：一个符合美的标准的网页是能够使网站的形象得到最大限度提升的。

页面用色协调，布局符合形式美的要求：布局有条理，充分利用美的形式，使网页富有可欣赏性，提高档次。

针对幼儿园的具体情况，展开了网站的构建工作。为两间幼儿园制作界面，由于篇幅所限，网站的其他页面不做介绍。

任务1：京京幼儿园网站界面设计

任务2：乐澄澄幼儿园网站界面设计

▶▶▶ 任务1 设计京京幼儿园网站界面

任务分析

本任务的网站主题主要表现为清爽、可爱、活泼，网站整体基调主要以淡黄色为主，背景可以搭配木纹色与主基色加以强烈反差，开头以叶子悬挂，配以藤条、雪糕筒等装饰物，内文以淡黄色为主，配以各种图形图案，点缀亮色色彩，充满调皮、活泼、阳光的气息。

通过与客户的沟通、对市场的调研以及对同行业案例的分析，我们基本在网站首页系统构建的方向上达成了共识，对网站结构规划见表9-1，草图如图9-1所示。

表　9-1

展示区			
导航区			
登录区	新闻动态区		幼儿欢乐时光区
温馨提示区	通知公告区		园长信箱
			在线报名
幼儿作品区			精彩视频
	友情链接区		每周食谱
版权信息			

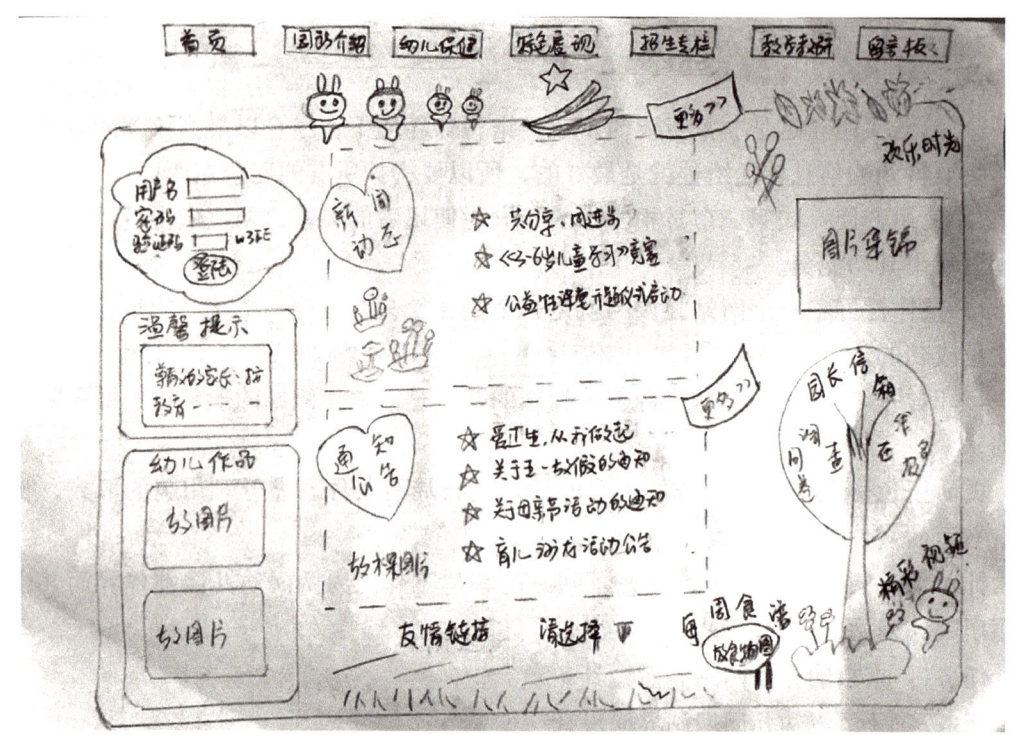

图 9-1

任务实施

1. 制作背景

1) **背景填充木纹效果**：绘制页面矩形框，执行工具箱中的"填充工具"→"图样填充"命令，选择"位图"，单击浏览导入图片"底纹.jpg"，宽度为354mm，高度为24mm。

2) **制作背景顶端装饰效果**：在页面的顶部绘制叶子，叶子图形来源于使用"艺术笔工具"，单击"喷涂"按钮，艺术笔的类别为 植物 ▼ ▼ ▲ ▲ ▲ ▲ ▲ ▼ 。

3) 在页面的空白地方绘制得到图形 ◣ ✿ ◢ ↓ ❦ ，执行"排列"→"拆分艺术笔群组（B）"命令，执行<Ctrl+U>组合键取消群组命令，取消图形的群组，参考图9-2组合出最终的效果。

4) 绘制其他装饰物。

2. 制作正文区

1) 绘制圆角矩形，填充颜色为（C67、M88、Y100、K62），按<+>键原位复制圆角矩形，按住<Shift>键等比缩小图形，选择两个圆角图形，单击属性面板上的"修剪"，选择内圆角矩形，填充颜色为（C0、M0、Y8、K0），得到图形如图9-1所示。

2) 制作导航条。

① 绘制左侧的牌子，填充渐变色，渐变色为预设：柱面-金色02，如图9-2所示。

② 绘制圆角矩形，填充颜色为（C15、M37、Y39、K2），使用工具箱中的"阴影"工具做出图形的阴影效果，输入相应的文字。

③ 使用"艺术笔工具"，使用合适的笔刷做出版面的修饰效果，如图9-2所示。

图 9-2

3）制作登录区。

① 绘制如图9-3所示的图形，填充颜色为（C31、M0、Y87、K0）；缩小图形取消填充色，将轮廓线改为虚线。

② 输入"用户名、密码、验证码"等文字；绘制矩形框，填充白色，取消轮廓线，在矩形框上方绘制一条直线，颜色为灰色，做出矩形框陷进去的效果。

③ 在验证码的位置绘制一个矩形框，填充底纹为"梦幻星云"。

4）绘制如图9-4所示的图形。使用椭圆工具绘制图形，并将图形进行组合，将图形转换为曲线，通过调整控制柄得到图形，填充对应的颜色。

5）绘制如图9-5所示的图形。使用"贝塞尔工具"绘制图形，填充对应的颜色。将绘制的图形参考效果图放置到合适的位置。

图 9-3   图 9-4   图 9-5

6）制作"新闻动态"和"通知公告"区，效果如图9-6所示。

① 绘制一个圆角矩形框，轮廓色为灰色，无填充色；复制该圆角矩形等比例缩小，更改轮廓线型为虚线，轮廓色为粉红色。

② 在圆角矩形的左上角绘制一个心形，填充颜色为（C0、M40、Y20、K0），输入文字"新闻动态"，文字填充红色，轮廓色为白色。

③ 在圆角矩形的右上角使用"贝塞尔工具"绘制图形，填充颜色为（C0、M40、Y20、K0），轮廓色为灰色，输入文字"更多>>"。

④ 在圆角矩形的左下角绘制图形。图形来源于使用"艺术笔工具"，单击"喷涂"按钮，艺术笔的类别为 植物 ，在页面的空白地方绘制得到图形，使用"选择工具"选择绘制的图形，执行"排列"→"拆分艺术笔群组（B）"命令，使用选择工具选择绘制的图形，执行<Ctrl+U>组合键取消群组命令，得到图形。

⑤ 使用文字工具录入"新闻动态的内容"。

⑥ 绘制"通知公告"区，该区左下角的图形来源于使用"艺术笔工具"，单击"喷涂"按钮，艺术笔的类别为  。

图　9-6

7）制作"温馨提示""幼儿作品"区，如图9-7所示。

① 绘制圆角矩形，填充颜色为（C0、M40、Y20、K0）；输入文字"温馨提示"，字体为"微软雅黑"，填充颜色为（C0、M100、Y0、K0）。

② 绘制圆角矩形，填充白色，输入如图9-7所示的文本。

③ 绘制圆角矩形，填充颜色为（C0、M40、Y20、K0）；输入文字"温馨提示"，字体为"微软雅黑"，填充颜色为（C0、M100、Y0、K0）。

④ 绘制两个圆角矩形，填充白色，分别置入图片"作品1.png""作品2.png"。

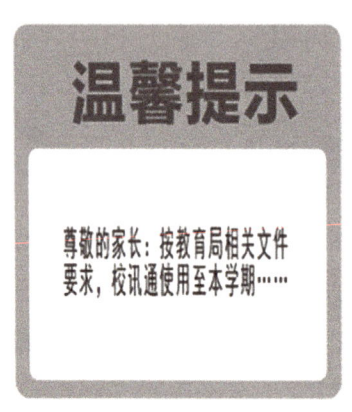

图　9-7

8）制作"欢乐时光"区。

① 复制部分页面顶端的叶子图形置于如图9-8所示的位置。

② 绘制圆角矩形，填充白色，轮廓色为灰色。

③ 在圆角矩形的左上角绘制如图9-8所示的图形。

④ 在圆角矩形的右上角绘制圆角矩形，填充颜色为（C0、M40、Y20、K0），轮廓色为白色，轮廓宽度为2.5mm，输入文字"欢乐时光"，在圆角矩形的居中位置置入图片"作品3.png"。效果如图9-8所示。

9）制作"园长信箱"区，效果如图9-9所示。

图 9-8　　　　　　　　　　　图 9-9

① 使用"椭圆工具"绘制椭圆，转换为曲线，并使用"形状工具"修饰椭圆形的形状，填充颜色为（C31、M0、Y86、K0）。

② 在椭圆图形上绘制图案，制作出叶子的效果。

③ 使用"贝塞尔工具"绘制树干，填充渐变色为（C6、M20、Y33、K0）→（C15、M50、Y80、K0）→（C46、M67、Y00、K0）的渐变。

④ 将椭圆、叶子、树干叠放在一起，并调整好顺序。

⑤ 绘制下方的草地和花朵。

⑥ 绘制"每周食谱"区，桌子的颜色为（C10、M30、Y53、K0）。

⑦ 输入文字"每周食谱"，字体颜色为红色，使用"轮廓工具"给文字添加轮廓，轮廓图的轮廓色为灰色，填充色为白色，轮廓偏移为0.3mm。

⑧ 使用"轮廓工具"分别为文字"问卷调查""在线报名""园长信箱"添加轮廓图，设置合适的轮廓色和填充色。

⑨ 其他步骤略。

10）绘制"友情链接区"：使用"艺术笔工具"，单击"喷涂"按钮，艺术笔的类别为 [其它]　[　]，效果如图9-10所示。

11）绘制状态栏区。

① 使用"艺术笔工具"，单击"喷涂"按钮，艺术笔的类别为 [对象]　[　]，拆分组合出如图9-11所示的效果。

② 在状态栏的中间位置录入文本，如图9-12所示。

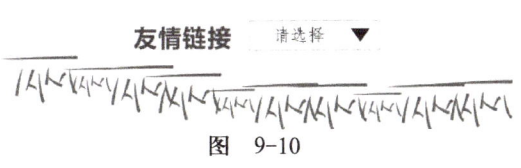

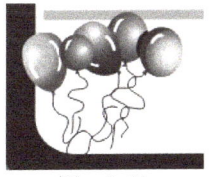

图 9-10　　　　　　　　　　　图 9-11

图 9-12

▶▶▶ 任务2 设计乐澄澄幼儿园网页界面

任务分析

本任务的网站主题主要表现为阳光、活泼，网站整体基调主要以橙色为主，背景搭配橙色到粉红色的渐变，左上角装饰气球；导航条使用挂牌形式，让人看上去较稳重，添加左侧导航条，导航条上放置图形元素，内文装饰各种图形图案，点缀亮色色彩，使看上去充满调皮、活泼、阳光的气息。

网站界面草图如图9-13所示。

图 9-13

任务实施

1. 制作背景

1）绘制一个大的矩形框作为页面被景，填充渐变色。

2）选定背景，执行"排列"→"锁定对象"菜单命令，将背景图形锁定。

2. 制作导航条

1）置入幼儿园的Logo图片：执行"文件"→"导入"菜单命令，导入图片并将其放置在左上角。

2）使用"折线工具"绘制六边型，填充渐变色为"橘红色→白色"的渐变，在其中绘制小圆圈，如图9-14a所示。

3）在图形上方绘制扇形，填充白色，使用透明工具制作如图9-14b所示的透明效果。

4）在图形顶部绘制挂绳，轮廓色为灰色，如图9-14c所示，并将该图形所有对象群组，放置在合适的位置。

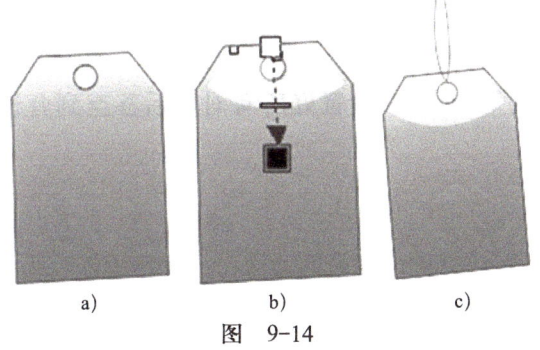

a)   b)   c)

图 9-14

5）制作其他挂牌，颜色分别为"洋红色→白色""靛蓝色→白色""深碧蓝色→白色"，"酒绿色→白色""霓虹紫色→白色"的渐变，分别将挂牌放置在合适的位置。

6）在挂牌上分别录入文字"首页""家园互动""圆所介绍""幼儿保健""特色展示""教学教研"，字体为"华文琥珀"。

7）调整挂牌角度，效果如图9-15所示。

图 9-15

3. 制作左侧导航

1）使用矩形工具绘制矩形，将左上角的圆角半径改为5mm，填充黄色，取消轮廓线。

2）执行"窗口"→"泊坞窗"→"变换"→"位置"命令，弹出"变换"窗口，设置Y值为20mm，副本为4，单击"应用"按钮，得到的效果如图9-16a所示。

3）将第1个图形、第5个图形的右下角的圆角半径改为5mm，得到的效果如图9-16b所示。

4）在每个图形的左边放置对应的图形，图形来源于使用"艺术笔工具"，单击"喷涂"按钮，比如第1个图形的艺术笔属性设置为 ，在页面的空白地方绘制得到图形 。

5）使用选择工具选择绘制的图形，执行"排列"→"拆分艺术笔群组（B）"命令，鼠标单击页面空白地方。

6）使用"选择工具"选择绘制的图形，执行<Ctrl+U>组合键取消群组命令，得到图形 🖌️，将图形移动到合适的位置。

7）绘制其他导航条的图形，效果如图9-16c所示。

8）在导航条上分别录入文字：在线报名、园长信箱、每周食谱、精彩视频、友情链接。

9）制作文字效果。比如选定文字"园长信箱"，使用"封套工具"，拖动相应的控点，得到文字效果 🖌️。设置好所有对象后移至到合适位置，最终效果如图9-16d所示。

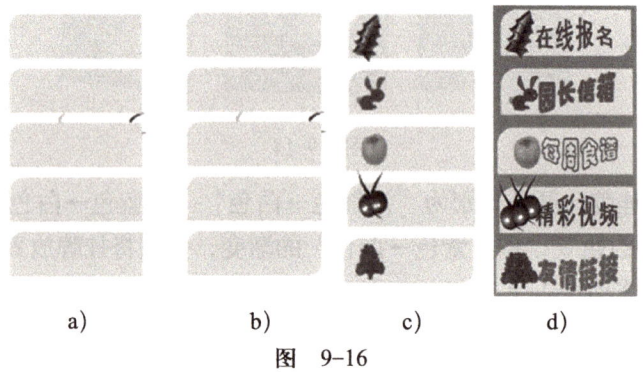

a)　　　　　　b)　　　　　　c)　　　　　d)

图　9-16

4. 制作正文区

（1）制作"温馨提示"区

1）绘制长矩形，修改矩形的圆角半径，使矩形变为圆角长条形，将图形转换为曲线，在图形的上方和下方的中心点添加节点，并单击"转换曲线"按钮，拖动节点，得到图形，填充渐变色为"（C0、M40、Y80、K0）→白色→（C0、M40、Y80、K0）"的渐变，轮廓线为橙色。效果如图9-17a所示。

2）制作"发光"部分。使用"贝塞尔曲线"绘制闭合图形，填充白色，取消轮廓线；使用"透明度工具"制作透明效果 🖌️，效果如图9-17b所示。

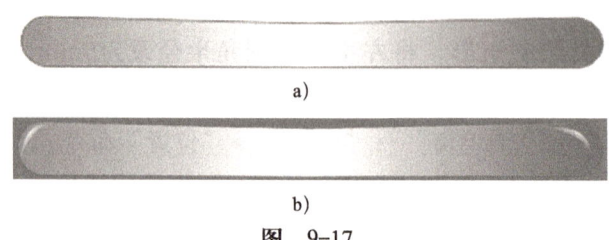

a)

b)

图　9-17

3）输入文字"温馨提示"，字体为华文琥珀，填充颜色为绿色，轮廓颜色为白色。其他文字为"尊敬的家长：按教育局相关文件要求，校讯通使用至本学期……"，效果如图9-18所示。

温馨提示：尊敬的家长：按教育局相关文件要求，校讯通使用至本学期……

图　9-18

（2）制作"通知公告"区

1）使用"贝塞尔工具"绘制图形，填充颜色为（C40、M0、Y0、K0）；选择图形，单击<+>键原位复制图形，填充颜色为（C0、M60、Y100、K0），按小键盘的"向下、向右"键，错开两个图形的位置；单击<+>键原位复制图形，填充白色，缩小该图形，调整位置，最终效果如图9-19所示。

2）录入文字"通知公告"，填充多彩渐变色；使用"封套工具"更改文字的形状。使用文字工具录入公告内容，效果如图9-19所示。

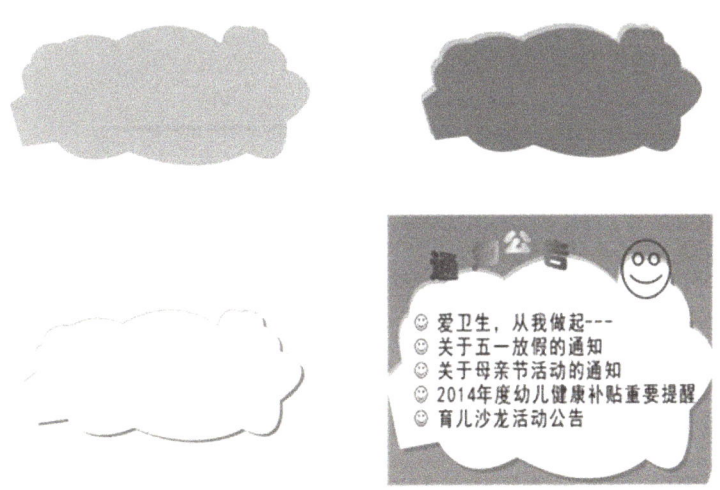

图　9-19

（3）制作"新闻动态"区

1）将"通知公告"区的图形复制一份到右侧，并在该图形下方绘制线条和三个长条形，如图9-20所示。

2）录入文字"新闻动态"，填充多彩渐变色；使用"封套工具"更改文字的形状。使用文字工具录入新闻动态内容，效果如图9-21所示。

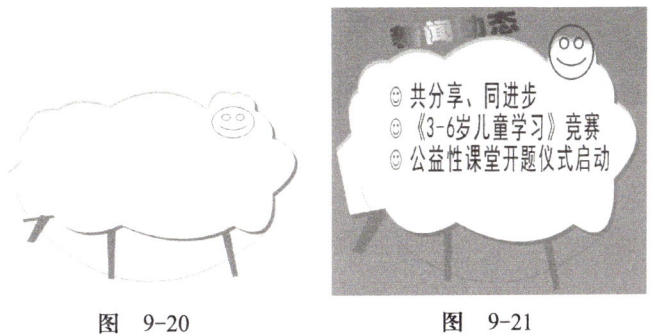

图　9-20　　　　　　　　图　9-21

（4）制作"班级列表"区

1）绘制如图9-22a所示图形，填充颜色为（C0、M60、Y60、K40）。

2）原位复制该图形，填充双色渐变色"桃黄→白色"的渐变，渐变类型为辐射，将两个图形叠加在一起，调整位置，效果如图9-22b所示。

3）原位复制图形，填充颜色为（C0、M60、Y60、K40），等比缩放图形大小，如图9-22c所示。

4）原位复制图形，填充白色，缩放图形大小，如图9-22d所示。

5）输入文字"班级列表"，字体为华文琥珀，填充黄色，轮廓色为红色。

6）输入文字，绘制线条，最终效果如图9-22所示。

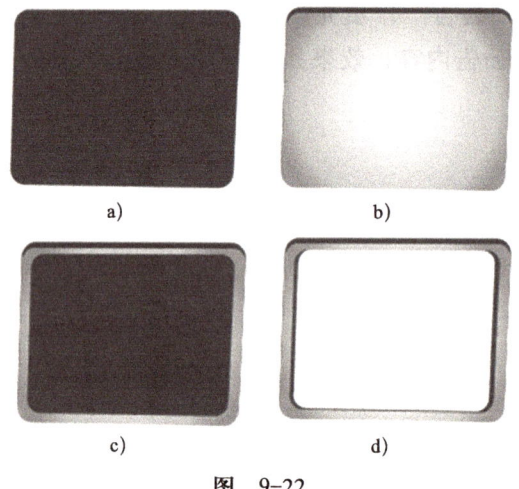

a)   b)

c)   d)

图　9-22

（5）制作"幼儿作品"区

1）绘制如图9-23所示的图形，复制3份该图形，并调整大小及位置。

图　9-23

2）绘制长方形，填充白色，放置在图形前面，如图9-24a所示。

3）置入图片，如图9-24b所示。

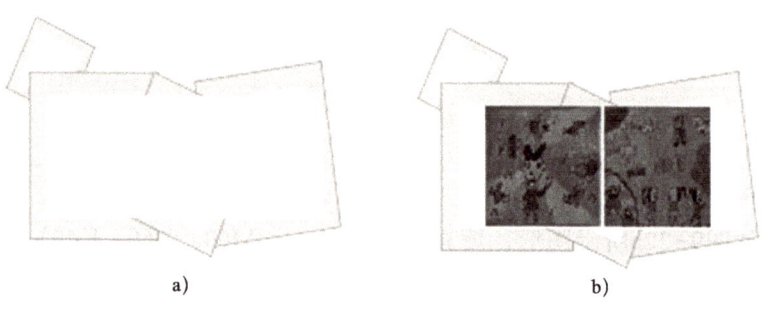

a)   b)

图　9-24

4）输入文字"幼儿作品"，放置到合适位置。最终效果如图9-25所示。

图 9-25

2．制作状态栏信息

（1）绘制左下方图形

1）使用"椭圆工具"绘制如图9-26所示的图形，填充渐变色。

2）使用"椭圆工具"绘制图形，打开"旋转"泊坞窗，设置相应参数，做出如图9-26所示效果，并将该图形分布在椭圆上。

图 9-26

3）分别绘制如图9-27所示的图形，并将该图形分布在椭圆上。

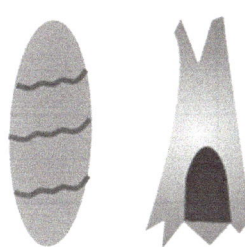  

图 9-27

（2）制作"联系信息"（见图9-28）

联系我们 | @COPYRIGHT 2013-2014 乐澄澄幼儿园 www.lechengcyey.com

图 9-28

▶▶▶ 项目评价

整个评价分为项目设计阶段、项目制作阶段、成果展示阶段。将评价学生在整个项目学习过程中的学习态度、团队合作能力、行业知识熟悉能力、语言沟通能力、软件使用和再学习能力等。具体操作见表9-2。

表9-2　网页设计项目评价

项 目 名 称		网页界面设计			
评价项目		具 体 内 容	评　分		
			自　评	同学间互评	教师协调
设计阶段	情感态度	配合老师分组活动			
		是否大胆发表个人想法			
		积极参与项目构思			
		主动查阅相关行业资料			
	合作交流	主动与同学沟通和讨论			
		认真倾听同学的意见和观点			
		沟通过程中语言表达准确			
	知识学习	网页基本知识的了解			
		网页设计的草图阅读			
		网页设计流程			
	实践活动	是否做好自己的工作			
制作阶段	软件综合使用能力	图形工具使用能力			
		形状工具使用能力			
		造型工具能力			
		复杂图形编辑能力			
		色彩搭配能力			
		版面设计能力			
	任务完成能力	任务1：设计京京幼儿园网站界面			
		任务2：设计乐澄幼儿园网页界面			
成果展示		将制作结果以（ ）的方式呈现。效果如何			
我的收获					

▶▶▶ 实战强化

实战要求

为"WAC美食网"设计网站，内容包括：

1）网站风格定位。

2）网站的Logo、个性元素的设计。

3）网站首页界面的设计。

4）网站跳转页面的设计。

设计描述

1. 企业介绍

WAC美食网成立于2012年5月，将美食与营养搭配为一体，提供以美食菜谱、各地小吃、地方菜系及饮食健康为主要特色的新型零食私营企业。

公司目前主要想开拓网络市场，推广的内容包括有家常菜谱（凉菜菜谱、热菜菜谱、汤包菜谱、食疗菜谱、糕点小吃），八大菜系（川菜、徽菜、鲁菜、闽菜、苏菜、湘菜、粤菜、浙菜），各地小吃，食材百科，营养饮食等栏目。

网站内容上要求收录各式各样的菜谱做法，为方便美食爱好者查阅，同时按照菜谱的地方所属菜系及小吃进行分类，方便大家找到自己想要的菜式做法；营养搭配介绍正确和错误的食物搭配方法等。

网站的内容要以"美食、美容"为理念，致力于为家庭及个人提供合适的健康美食方案。

2. 设计分析

1）网站定位分析。

2）网站标志、个性元素设计。

3）网站标准字体的确定。

4）网站版式的确定。

5）网站中页面的构成。

▶▶▶ 小结

本项目通过2个实例任务和任务拓展来学习网站界面的制作方法和技巧，重点掌握CorelDRAW X6基本形状工具、轮廓工具、贝塞尔工具的使用。掌握以上的要点后，读者经过自己的设计分析能够制作出符合客户需求的网站界面。

参 考 文 献

[1] 麓山文化．CorelDRAW X6平面广告设计228例[M]．北京：机械工业出版社，2012．

[2] 王红卫，贾慧娟．CorelDRAW X6案例实战从入门到精通[M]．北京：机械工业出版社，2013．

[3] 陈志民．CorelDRAW X6平面广告设计经典108例[M]．北京：机械工业出版社，2013．

[4] 布川．角左卫门．简明出版百科词典[M]．北京：中国书籍出版社，1987．

[5] 李慧媛．书籍装帧设计[M]．武汉：华中科技大学出版社，2008．

[6] 王友江．平面设计基础[M]．北京：中国纺织出版社，2007．